给青少年的科学文化课

多元的宇宙

位梦华 著

清华大学出版社

北京

图书在版编目（CIP）数据

多元的宇宙 / 位梦华著. —北京：清华大学出版社，2021.12
（给青少年的科学文化课）
ISBN 978-7-302-58669-2

Ⅰ.①多… Ⅱ.①位… Ⅲ.①宇宙—青少年读物 Ⅳ.① P159-49

中国版本图书馆 CIP 数据核字（2021）第 140046 号

责任编辑：冯海燕　孙燕楠
封面设计：潘特尔文化
责任校对：王荣静
责任印制：丛怀宇

出版发行：清华大学出版社
　　　　网　　　址：http://www.tup.com.cn, http://www.wqbook.com
　　　　地　　　址：北京清华大学学研大厦 A 座　　　　邮　　编：100084
　　　　社 总 机：010-62770175　　　　　　　　　　邮　　购：010-62786544
　　　　投稿与读者服务：010-62776969, c-service@tup.tsinghua.edu.cn
　　　　质量反馈：010-62772015, zhiliang@tup.tsinghua.edu.cn
　　　　课件下载：http://www.tup.com.cn, 010-83470410
印 装 者：小森印刷霸州有限公司
经　　销：全国新华书店
开　　本：170mm×235mm　　　印　　张：11.75　　字　　数：97 千字
版　　次：2021 年 12 月第 1 版　　　　　印　　次：2021 年 12 月第 1 次印刷
定　　价：39.80 元

产品编号：092173-01

前言

我出生在农村，后来搞了科学研究，不会说大话，只会说实话。回想起来，我这一辈子，主要做了两件事：一是考察了南极和北极；二是写了一些文章，出版了一些书。

40年前，我去南极考察；30多年前，我去北极考察。那时候，中国的南极和北极考察都没有开始，我不敢说是先驱，只能算是马前卒。按照正常人的思维，作为一个科学家，完成考察以后，写几篇论文就算完成了任务。而且，因为我去得早，所以我的论文会是开创性的。

然而，我却"误入歧途"。特别是看到国外对南极、北极的重视，而当时我国在极地科考方面大大地落后于他国，我就特别着急，这叫作"匹夫情结"。我就挺身而出，大声疾呼，写了一些文章，希望推动中国的极地科考事业，并且身体力行，二进南极，十进北极。至于我做的这些努力，对中国的极地科考发挥了多大的作用，到底有什么意义，可能是仁者见仁，智者见智。

我写的书，自称为"科学文学"，试图把科学与文学结合起来，用文学的手法阐释科学的精粹，使读者既能学到科学理念、科学知识、科学思维、科学方法，又能得到艺术的享受，受到文学的熏陶，从而激发读者的兴趣，提高科学的普及率。

1995年远征北极点科学考察以后，我本想不再参加北极考察的任何活动，但是，北极的爱斯基摩朋友，一再来信催促，甚至

质问我："是不是因为到达了北极点，觉得了不起了？就忘记了那些生活在天涯海角的爱斯基摩兄弟了？"爱斯基摩人是极讲信誉的，我决不能失信于他们。从1996年到2015年，我又先后六次进入北极考察，两次和老伴在北极越冬，忍受极夜漫漫的孤独，面对风雪严寒的无情，挑战身体和精神的极限，感受爱斯基摩人的友谊和真情，经历了"非典"（SARS）的牵肠挂肚，体验了出海捕猎的艰辛与刺激，经受了丧父的打击与悲痛。人非草木，岂能无情？由于这些经历，我对北极的认识更加深广，与爱斯基摩人的感情更加深厚，所见所闻更加丰富，所感所悟更加深刻。

人生是一个积累的过程。由于机遇不同，每人积累的东西是不一样的。由于积累的不同，命运也就各异。因为从事地质工作，我不仅脚踏大江南北，遍历神州东西，还从东半球跑到西半球，从北半球跑到南半球；从中国到美国，从南极到北极；饱览千山万水，笑看万物苍生；有时山穷水尽，有时柳暗花明，有时走投无路，有时九死一生。我还算是个幸运者，虽然吃了不少苦，冒了不少险，流了不少泪，出了不少汗，却也有所收获，都留在文字之中。

按理说，能活到这把年纪，应该安度晚年，享几年清福。我却忙忙碌碌：又是讲课，又是写书。苦在其中，乐在其中。名利得失，置之度外；吃穿住行，难得糊涂。写作就是一切，我从中得到了最大的满足。

现在，我到全国各地为大中小学生和社会公众介绍南极和北极，已经讲了 1 500 多场，出版了 100 多本书。

我有一个演讲的题目是《宇宙·地球·生命·人类交响曲》，许多学校，甚至机关都希望我讲述这个内容。可见不仅是孩子，包括许多成年人，也非常想了解宇宙的起源、地球的演化、生命的来历以及人类往何处去等问题。于是，我查阅资料，做了一些研究和思考，把自己对宇宙、地球、生命、人类的理解、想象和推理写了出来，包括《多元的宇宙》《生命的开关》《我在南极等你》《我在北极等你》《科学的琴弦》5 本，结集为"给青少年的科学文化课"系列丛书。这些内容不全是我的专业所长，难免会有理解偏差。我希望抛砖引玉，在科学与文学之间架起一座桥梁，以便与读者讨论、切磋。

这套书以生命的起源和进化为历史脉络，讲述了科学技术进步在人类文明发展史中的推动作用，涉及数学、物理、化学、生物等经典公式的前生后世，包括天文、地质、大气、极地、动物、植物等上百个学科的知识，并从我在南极、北极探险的奇遇故事中，探讨地球的生态和未来。

我创作这套书，希望青少年能重视以下几点：

首先，我们不仅要想到自己的家乡，想到我们的祖国，还要走向世界，学会用世界的眼光看问题，自觉培养全球意识。比如，生活在北极的爱斯基摩人由于气候严酷，交通不便，长期处于封闭状态，与外界很少联系。他们的生活非常原始，几千年几乎没有变化。与西方人接触之后，在不到 100 年的时间里，爱斯基摩

人的生活从新石器时代过渡到了现代文明时代。他们经历了政治、经济和文化上的飞速变革，这些变革与全球化和 19 世纪西方人对他们的政策密不可分。

现在由于交通和通信越来越便利，人类的交流越来越容易，地球好像变得越来越小。一个国家只有放眼全球才能发展和进步，这是人类社会不可阻挡的潮流和趋势，所以我们要关心国际形势，培养全球观念。

其次，我们要学习科学知识，提高科学素养，掌握科学方法，树立科学意识，培养科学精神。现在人类社会正处于从工业文明向科学文明过渡的关键时期，科学技术是第一生产力，从某种意义上决定着人类的未来和前途。只有提高自己的科学素养，掌握先进的科学技术，才能生存和发展，才能立于不败之地。科学精神就是探索求真、理性实证、大胆质疑、追求创新、独立实践、坚持不懈、奋斗不止。我在南极和北极，目睹很多科学家在严酷的自然条件下考察和实验，他们一次又一次失败，能够取得最终的成功，就是因为拥有探求真理、锲而不舍的科学精神。

再次，我们要保持身心健康。有人认为吃得胖胖的、长得壮壮的就是健康。其实，除了体质，心理健康也很重要。一般来说，心理健康的人能够善待自己、善待他人、适应环境、情绪正常、人格和谐。凡事要有宽广的胸怀，不要斤斤计较。只有这样，才能团结别人，团结的人越多力量就越大。只有身心健康，我们才能更好地学习和掌握先进的科学知识，从而赶超世界先进的科学水平。

最后，我们要热爱中国共产党、热爱祖国。为祖国奋斗，为党的事业而拼搏，就会有无穷无尽的力量。只有这样，才能为国家、为民族、为地球、为人类奉献自己的力量，发挥自己的才智，取得事业的成功，做出最大的成绩。

在这套书中，我要特别说明一下，就是关于"爱斯基摩人"的称呼。1991年，我第一次北极考察归来，有记者来采访，说起爱斯基摩人。我告诉他们说，"爱斯基摩人"这个称呼，来自北美印第安语，是"吃生肉的人"之意。虽然这个称呼不那么敬重，说的却是事实，爱斯基摩人正是靠吃生肉才得以生存下来，其实这也是对北极环境的一种适应。跟他们相处多年，我发现他们对于"爱斯基摩人"这个称谓已习以为常，而且他们也承认自己就是爱斯基摩人。

有些名字，最初是由某种事物得来的，久而久之，也便成了专用名词，与原来的含义已经没有什么关系。我文中提及的"爱斯基摩人"也成了专有名词，没有人把它与吃生肉联系在一起。连爱斯基摩人都已经面对现实，我们也不必一律用"因纽特人"取而代之，那样也不符合客观事实。

俗话说，大难不死，必有后福。常常有人问我，你在南极和北极，历尽艰难，几经生死，有什么后福吗？我最大的后福，就是赶上了改革开放时代，中国发生了翻天覆地的巨大变化，在全人类的文明史中，都是一个绝无仅有的奇迹。这个奇迹，是在中

国共产党的领导下取得的。现在的中国，是世界上发展最快的国家，在国际事务中引领潮流，举足轻重。有什么事情，能比亲身经历自己的国家从贫穷到富裕，从战乱到和平，从落后到先进，从虚弱到强盛而更加幸福快乐，更加精神振奋，更加扬眉吐气，更加豪情满怀的呢？

2021 年 8 月

目 录

多元的**宇宙**

多元的**宇宙**

探索宇宙

在我们的古代典籍中有：四方上下曰宇，往古来今曰宙。

宇宙实际上是所有的空间、时间、物质及其所产生的一切事物的统称。而构成宇宙的因素，都在永恒的运动之中。

宇宙中源源不断的光和热，是从哪里来的？

日月星辰升升落落，年复一年，周而复始，是谁设计并控制着宇宙这部如此庞大而复杂的"机器"？

多元的宇宙

头脑风暴

谁设计并控制着宇宙这部庞大而复杂的"机器"？

白天，天幕高悬，晴空万里。仰望天空，环视天际，总会使人浮想联翩，感慨系之，仿佛那深邃的宇宙中隐藏着无穷的奥秘。无论是骄阳似火，还是风和日丽，都会发人深省，引人好奇。这源源不断的光和热，是从哪里来的？

夜晚，夜幕低垂，繁星闪烁。指点北斗，凝视环宇，又会使人迷惑不解，疑窦重重，似乎那黑暗的宇宙中充满了无尽的玄机。白昼那光芒四射的太阳，此时仿佛已炸成了碎片，变成了无数发光的珍珠。天幕也被烧得乌黑，更加深不见底。

就这样，年复一年，周而复始，人们不禁会问，是谁设计并控制着宇宙这部如此庞大而复杂的"机器"？

在我们的古代典籍中有：四方上下曰宇，往古来今曰宙。也就是说，宇宙包含了空间和时间两大因素。这无疑是对的，但并不完全。因为，构成宇宙的还有两个极其重要的因素，那就是物质和能量。如果没有物质和能量，即使有无限广大的时空，也只能是一个空空的壳子。

生命是物质的最高形态。如果没有生命，宇宙就是一个死寂的宇宙。生命中最重要的是人类，如果没有人类，宇宙的意义也就无从谈起。而构成宇宙的所有这些因素，都在永恒的运动之中。

由此可见，宇宙实际上是所有的空间、时间、物质及其所产生的一切事物的统称。也就是说，宇宙是多元的。

宇宙的奥秘是无穷无尽的，人类的探索也是永无止境的，正所谓"路曼曼其修远兮，吾将上下而求索"。

眼睛、大脑与宇宙

头脑风暴

我们的大脑和最先进的计算机，哪个是"最强大脑"？

俗话说，眼见为实。但是，我们的眼睛却并非万能的，而是非常有限的，太小的东西看不见，太大的东西也看不见；太远的东西看不见，太近的东西也看不见。

例如细菌，因为太小了，而眼睛的分辨率是有限的，所以即使它们生活在我们眼皮底下，我们也无法看到。而地球呢？又太大了，因为视野所限，我们虽然生活在它身上，却只能看到它的一部分，这叫作"不识庐山真面目，只缘身在此山中"。只有飞到天空，我们才能看到它的全貌，但又看不清楚了，只能看到一个大体的轮廓。又如天体，虽然在晴朗的夜空，我们可以看到无数星星，但那只是宇宙中极小的一部分，还有更多的天体，因为距离太远，我们的眼睛是看不到的。

哪些东西用显微镜或望远镜也看不到?

如果把一个东西,例如一本书,放到距离眼睛很近的地方,字迹便会变得模糊,除非你是高度近视。实际上,只有十几厘米到几十米范围之内的东西,我们才能看得清楚,百米开外,只能看到一个影子,再远处,则连影子也看不到了。为了弥补这种局限性,人们发明了显微镜和望远镜,大大地拓宽了人类的视野。

但是,因为我们生活在一个无限广大的世界里,即使有了显微镜和望远镜,也只能看到微观世界和宏观世界中极小的一部分。这就是眼睛的局限性。

在日常生活中,用得最多的长度单位是米,而且也是国际通用的。米的百分之一是厘米,千分之一是毫米。毫米的千分之一是微米。微米的千分之一是纳米。米的一千倍是千米。我们在地球上衡量距离时,用千米就可以了,因为地球的平均半径也就是约 6 371 千米。但是,如果要用千米来衡量宇宙中天体之间的距离,那这个单位就太小了,即使是离地球最近的星

球——月亮，到地球的距离也在 363 300~405 500 千米，所以只好用光年计量。光在真空中经过 1 年时间传播的距离称为 1 光年，约为 9.5 万亿千米，如果写出来，就是一长串数字，这就叫作天文数字。

科学笔记

光年

长度单位，一般被用于衡量天体之间的距离。真空中的光速约为 30 万千米／秒，光在真空中经过 1 年时间所传播的距离称为 1 光年，所以 1 光年约为 9.5 万亿千米。

事实上，我们的眼睛只能分辨出大约十分之一毫米或者再稍微小一点的东西，例如灰尘的微粒，再小的东西就无能为力了。

利用光学显微镜，我们可以看到从几毫米到十分之几微米，也就是细菌那样大小的东西。比细菌再小的东西，例如病毒，光学显微镜也无计可施了。为此，科学家们又发明了电子显微镜。利用电子显微镜，我们可以看到从 100 多微米到十分之几纳米的东西，也就是可以观察动植物的细胞，甚至物质的分子。

那么，比分子更小的原子呢？其大小 0.1 纳米左右，透射电子显微镜可以观察纳米粒子和原子。而原子里还有电子、质子和中子，质子和中子里还有夸克，如此等等。至少到目前为止，我们还很难看到它们的庐山真面目。

不仅如此，我们所能看到的距离也是非常有限的。靠肉眼只能看到几百米，借助望远镜能看到几千米。现在，人类已经把天文望远镜送上了太空，即使如此，可见光波段我们目前能看到的最大极限大约是 320 亿光年。当然，如果与地球或者太阳系的大小相比，320 亿光年确实是一个很长的距离。但是，如果和整个宇宙相比，这仍然是极其渺小的。

这也就是说，起码到目前为止，虽然有了高科技，人类所能看到的东西也还是非常有限的，而且很多东西还看不清楚，都是模模糊糊的。

大脑为什么能思考无限的宇宙？

人类的好奇心是无穷无尽的，如何来调解眼界有限而时空无穷这个尖锐的矛盾呢？"眼见为实"已经不行了，只有靠大脑去想象。于是又出现了一个问题，我们这个小小的脑袋，怎么能装得下一个无限的宇宙呢？

这首先得感谢人类拥有的思维能力。但是，愈来愈多的事实证明，思维不仅仅属于人类，许多动物也皆有之。例如，日本科学家发现，猴子不仅能记住 0~9 的数字，而且还能把它们从小到大地排列起来，没有思维是不可能做到这一点的。那么，若与动物相比，人类的思维有哪些不同之处呢？

我认为人类的思维主要有三种独特的功能，即在时空上是无限的，在速度上是无穷的，在序列上是连续的。例如，我们可以想到地球，想到火星，想到宇宙，想到太空，或者想到远古，想到未来，想到过去，想到现在，一会儿南，一会儿北，一会儿西，一会儿东，任凭思绪在时空中漫游，是没有任何限制的。而动物们却不可能有如此广阔的思维空间，它们所想到的，大都是眼皮子底下的事。如果人类也和它们一样，今天还只能生活在密林里。

另外，如果我们的思维，尽管在时间和空间上都没有什么限制，但思考的速度很慢，如果想到太阳要几分钟，想到太阳系需要几年，人类还如何去思考宇宙呢？同样的，即使我们的思维空间是无限的，思维速度是无穷的，但如果杂乱无章，像一盆糨糊，想到这个，忘了那个，像个疯子一样，没有一定的思维逻辑，那么人类同样也不可能有今天的文明和成就。

由此可见，人类的大脑，真是有点儿不可思议，它比迄今为止人类所能制造出来的任何计算机，都要先进不知多少个数量级！就这样，人类的大脑与无限的宇宙，实现了完美的统一。当然，我们也不能抹杀眼睛的功劳。因为，正是眼睛看到了周围的现象，向大脑不断地提出问题，迫使大脑去思考，才使我们的大脑逐渐发育，达到了今天如此发达的程度。

那么，到目前为止，人类对于宇宙，到底知道些什么呢？

远古的人们如何认知宇宙？

头脑风暴

地球是宇宙的中心吗？

人类迈向宇宙的脚步，首先是从眼睛开始的。当人类逐渐脱离动物范畴的时候，天上的星星对他们产生了愈来愈强烈的吸引力。然而，原来的同类，像大猩猩和黑猩猩们，却只对太阳感兴趣。也许就是从这里开始，人类的思维便和动物分道扬镳了。

很有意思的是，人类的祖先从远古走来，虽然不同的民族在生存环境和地理位置上有着诸多差异，但有些想法却惊人地相似。

无论是东方还是西方，人们都把神仙安排在天上，而把魔鬼驱赶到地下。人们认为上面是天堂，都把美好的愿望寄托在那里；而把地下看成是地狱，谁也不愿意到那里去。只有生活在北极的爱斯基摩人是例外，他们的想法正好颠倒了过来，那是因为，他们觉得上面太冷而地下暖和。

几乎所有人类的祖先，都曾经把星辰的运转与人类的命运联系在一起，因而有了占星术。无论是欧洲还是亚洲，也无论是美洲还是大洋洲，各个民族的先人们，都曾有过利用星球的运动或陨落来占卜吉凶的历史。

还有，人们都曾经认为地球就是宇宙的中心，日月星辰都是围绕地球旋转的。而我们中华民族的祖先，更进了一步，"中国"这一名称在西周武王时期意为"中央之国"。

那么，在文化观念和历史背景大不相同的诸多民族之间，为什么会有如此一致的想法呢？那是因为人们总是以眼睛所见为自己思考问题的出发点和着眼点。实际上，人类对宇宙的认识，也是这样开始的。

从"地心说"到"日心说"，这个猜想遇到了什么？

头脑风暴

地球其实是围绕太阳运转的！

从公元前 6 世纪到公元前 4 世纪，古希腊出了几位杰出的人物，例如毕达哥拉斯、柏拉图和亚里士多德等，他们都认为，地球是宇宙的中心，其他所有的星球都是以简单的圆形轨道围绕地球运转的。

到了公元 2 世纪，又有一位重要人物出现了，那就是亚历山大学派的托勒密。托勒密综合了前人的天文学说和知识，再加上自己的想象，编写了《天文学大成》一书，但此书并没有什么新的创见，仍然认为太阳、月亮和所有的星球都是围绕地球在圆形轨道上做简单的运动，这就是所谓的"地心说"。

历史的经验一再证明，任何学说，无论在当时是何等的正确或者谬误，只要放在科学的范畴内，问题总是会搞清楚的，因而也具有无穷的生命力。但是，一旦其成为政治的工具，便有可能成为一种教条的、僵死的、可怕的东西。不幸的是，托勒密的学说恰恰被教会看中了，于是其便被奉为神明，成了扼杀科学的工具。自那以后，这种"地心说"成了神圣不可侵犯的宗教教义，把人们的思想禁锢了若干个世纪。

哥白尼如何挑战"地心说"？

当然，教会只能禁锢人们的思想，却没有办法禁锢宇宙的运行，星球照样按照自己的规律运转着，并不受人类的约束。时间到了 16 世纪，一位伟大的天文学家诞生了，那就是波兰人哥白尼。

哥白尼觉得，托勒密的学说似乎过于繁杂了，而柏拉图的圆形轨道又过于简单了。后来，他了解到，早在公元前 3 世纪，有一个古希腊的天文学家叫作阿利斯塔克的，就曾经提出过地球围绕太阳旋转的学说。但是，因为这种学说在当时并不为人们所接受，所以阿利斯塔克也就没有什么名气。也许是心有灵犀的缘故，哥白尼由此得到了很大的启示，经过多年的认真计算和思考，哥白尼觉得，地球和太阳的关系，似乎应该颠倒一下，即地球应该是绕着太阳转的。

然而，一生谨慎小心的哥白尼，深知教会势力的厉

害，他们绝不会容许自己的学说存在。所以，直到临死之际，即1543年，他才将自己的学说公布于世，这就是伟大的《天体运行论》。在这本极其重要的著作里，哥白尼不仅指出地球是围绕太阳运转的，而且连当时已知的其他五大行星，即水星、金星、火星、木星和土星，同样也是围绕太阳、沿着圆形轨道运转的。只有月亮是例外，它是在绕着地球旋转。虽然由于当时条件所限，哥白尼未能从圆形轨道的束缚中解脱出来，但是他的学说，却使人类对宇宙的认识往前大大地推进了一步。

然而，科学与迷信，文明与愚昧，就像物体的正面与反面，实体与影子一样，总是相反相成，形影不离，却又泾渭分明，不可能融合在一起。教会是以神灵为根基，而科学则是以揭示真实为目的，如同水火不相容。长期以来，天主教早已把地心说写入教义之中。他们认为，地球不仅是有形世界的唯一王国，而且也是精神世界的唯一支柱。因此，当听到哥白尼把地球与其他的行星相提并论的时候，这无疑刺痛了他们的神经。哥白尼的学说，自然便被教会列为禁书。

布鲁诺为什么被火烧死？

人会有各种各样的追求，例如追逐名利、地位、真理、正义等，有的人甚至不惜为自己的追求而献身，布鲁诺就是一例。1584年，意大利哲学家布鲁诺，出版了他的名著《论无限、宇宙与众世界》。

布鲁诺不仅明确表示赞同哥白尼的学说，而且还有所发展。他认为，不仅太阳周围存在一个行星系，众多的行星都在围着它运转，而且所有的恒星周围都有一个行星系，这些行星都在围着恒星而运转。不仅如此，布鲁诺还明确指出，宇宙中恒星和行星的数目是无限多的。

与哥白尼谨慎小心的处世哲学截然不同的是，布鲁诺面对强大的教会势力却能针锋相对，毫不畏惧，于1600年在罗马被烧死。

科学笔记

临刑前，布鲁诺义正词严地说："你们把我烧死了，地球还照样在围绕太阳转。"

布鲁诺为了自己的信念而献身。他的死昭示着后人：科学的进步，常常需要人们用宝贵的生命去换取。

然而，无论是哥白尼，还是布鲁诺，他们对于宇宙的思考和认识，都是建立在经验加猜想的基础之上的，因而还不能算是真正的宇宙学。但是，他们在人类迈向宇宙的道路上树起了极其重要的里程碑，成了永远值得缅怀的人物。

第一次飞跃:"日心说"如何从猜想到理论?

头脑风暴

宇宙学引入数学计算,会发生什么?

伽利略、开普勒和牛顿来告诉你!

人类对于客观世界的认识,首先是从直觉感观开始的,即所谓的经验。但是,经验上升不到理论,算不上是科学;而理论若不能为实践所证实,也只能是猜测或假说。

对理论最好的表述是数学,如果一个理论能用数学模型表达出来,就会让人更加理解。到了17世纪,宇宙学终于迎来了一个重大的飞跃,开始引入数学计算,这首先要归功于伽利略、开普勒和牛顿三位科学史上的里程碑式人物。

伽利略观测到了什么?

作为一代科学巨匠,伽利略的功绩在于他将前人的研究推向了一个新的高度,从而为后来的科学研究奠定了新的基础。例如,他发现了摆的等时性,把对时间的测量上升到了理论的高度；他研究了加速度，通过比萨斜塔实验第一次证明了自由落体运动与物体的重量没有关系，从而纠正了人们认为愈重的东西下落得愈快的直观错觉；除此之外，他还研究证明，力是改变物体运动状态的原因。就这样，他在动力学和运动学上的重要成果，为后来物理学的发展奠定了坚实的基础。

但是，伽利略最重要的贡献，不在物理学，而是天文学。在他之前，人们只能靠肉眼对天上的星星进行观察，而伽利略却自己制作了望远镜，并将其用于天文观测。虽然与后来愈来愈精密的仪器相比，他的望远镜还相当简陋，但他第一次把人类视野大大地拓阔了，从而把人类对宇宙的观察和研究带入了一个全新的纪元。

《星际使者》带来的轰动

1609 年，伽利略自己动手，制造出了一架 32 倍的望远镜。就是利用这种简陋的仪器，他不仅在人类历史上首次观察到了月亮上的环形山脉，而且还发现了绕木星旋转的卫星。他还观察和记录了金星的外貌，画出了太阳黑子在太阳表面上移动的情况，清晰地辨别出了几百颗恒星，大大地拓展了人

类的眼界。

1610 年，他把这些发现汇集成《星际使者》一书，这本书一出版就引起了相当大的轰动。后来，随着观察和研究的深入，伽利略愈来愈觉得地球和月亮及其他行星，实际有着许多共同的特点，因而他坚信，每一个星球都是一个物质的世界。

因此，他认为哥白尼的日心说是正确的，所有的行星都和地球一样在围绕太阳运行。而被教会奉若神明的地心说是错误的，因为它不符合事实。1632 年，伽利略出版了他的名著《关于托勒密和哥白尼两大世界体系的对话》，明确表示了他对哥白尼观点的支持。

三百多年后的平反

17 世纪时，整个欧洲都处在教会势力的重压之下，他们以残酷的手段镇压一切敢于蔑视教会者，怎么能容得下伽利略的"异端邪说"呢？实际上，他们对伽利略的"倒行逆施"早就恨之入骨了。1616 年，教会以极其轻蔑的语气发给伽利略一道命令，禁止他谈论哥白尼。

然而，在《关于托勒密和哥白尼两大世界体系的对话》一书中，伽利略却对哥白尼的学说大加赞扬，而对地心说则痛加贬斥。他把那些反对日心说的人痛骂一顿，说他们是一些"智力的矮人""吓呆的白痴"，甚至说"不应该称他们为人"，等等。

不可一世的教会怎能忍受如此的漫骂与侮辱？于是把他告上了法庭。

这时候，摆在伽利略面前的无非两种选择：或者像布鲁诺一样，慷慨就义；或者用韬晦之计，暂且保全自己的性命。伽利略采取了后者，被判终身监禁，在家中度过了自己余下的岁月，直到 1642 年去世。在此期间，他对天文学再没有发表任何见解，而是集中精力继续他的运动学的研究，并且明确预言，物理学正面临着新的突破。

300 多年以后，1979 年，罗马教皇约翰·保罗二世正式提出为伽利略恢复名誉。1980 年，教皇保罗二世亲自任命的一个委员会承认天主教会压制伽利略的意见是错误的。可惜他们觉悟得实在太晚了。

关于伽利略的性格，后人议论颇多。有人认为他聪明，好歹保全了自己的性命；有人认为他怯懦，不该那样苟且偷生。当然，这只能是仁者见仁，智者见智。不管怎么说，伽利略对科学事业的贡献，将永远载入人类的史册。

历史有时候惊人地相似。正如小心谨慎的哥白尼身后，出现了一个锋芒毕露的斗士布鲁诺一样；在韬光养晦的伽利略之后，出现了一个坚定如一的开普勒。开普勒不仅是伽利略的忠实信徒，而且他还公开宣称，哥白尼的宇宙观是正确的，而且对此坚信不疑。

开普勒用数学公式证明了什么？

1571 年，开普勒出生在德国南部的一个小镇上，从小就受到严格的神学和数学教育。然而，与教会对他的期望背道而驰的是，神学在他身上并没有起到主导作用，因为后来他成了一个数学家。

开普勒利用自己丰富的数学知识，对前人所积累下来的大量的行星观测资料进行了深入细致的计算和分析，希望能对行星运动的圆形轨道从数学上加以证实。但是，计算得愈多，所得的结果与以太阳为中心的圆形轨道偏离得就愈远，愈加难以吻合。后来，他惊奇地发现，火星的运动轨道并不是一个圆，而是一个椭圆，而太阳恰恰处在这个椭圆的一个焦点上。

开普勒进一步研究证明，当时已经知道的所有行星的运动轨道，都是椭圆形的，太阳恰恰就处在这些椭圆的一个焦点上！也就是说，所有行星的椭圆轨道，都是以太阳为其中的一个焦点，或者说，所有这些椭圆轨道都以同一个点作为它们的两个焦点之一。而这个焦点，恰恰就是太阳所在的位置。

就这样，开普勒第一次用数学公式对行星的运动进行了定量计算，从而把人类对于宇宙，特别是对于太阳系的认识，又大大地往前推进了一步。

科学笔记

等面积定律

开普勒还精确地计算出，当行星在椭圆轨道上围绕太阳旋转时，如果在它与太阳之间拉上一条直线的话，那么无论它走到哪里，这条直线在相等的时间里所扫过的面积是相等的，这就叫作等面积定律。

开普勒的研究使人们大开眼界，觉得宇宙实在是太奇妙了，以至于可以用数学语言加以描述。于是，人们自然就提出了这样的问题，即各大行星为什么会与太阳保持如此巧妙的关系，而且

永远围绕太阳运行呢？也就是说，是什么力量把它们联系在一起的？在开普勒时代，人们还只能是知其然而不知其所以然，没有人能回答这个问题。

科学的脚步就是这样走过来的，当有人提出了问题时，有人就会出来解答问题。事有凑巧，就在伽利略逝世后一年左右，即1643年1月4日，在英国，另外一个科学巨星呱呱坠地，这就是牛顿。

牛顿的"万有引力定律"为什么伟大？

据说，牛顿并不算是一个特别聪明的孩子。他看到自家的猫生了小猫，经常被关在屋里，不能自由出入，便在墙上掏了两个洞，大洞是为大猫准备的，小洞是为小猫准备的。但是，他后来发现，无论大猫还是小猫都从大洞里进进出出，小洞显然是多余的。

而且，牛顿的童年，家境很糟。他出生在一个贫寒而唯唯诺诺的农民家庭里，在出生前几个月父亲就去世了。3年之后，母亲又改嫁了，把他寄养在外祖母家里。虽然他一生笃信上帝，但无论是先天的条件，还是后天的机遇，上帝都没有给他什么特殊照顾。他之所以成功，唯一的秘诀就是比别人多了几分勤奋和执著。

一场可怕的瘟疫，竟造就了一个伟大的天才

当牛顿在剑桥大学三一学院上学时，成绩平平，并没有显出有什么特别的才能。直到1665年夏天，由于瘟疫流行，大学关门，他不得不回到林肯郡去休假，而后他突然思路大开，才思如注，

在此后的 18 个月里，他在数学、光学、物理学和天文学诸领域都取得了革命性的进展。

在数学上，他为微积分的计算奠定了基础。在光学上，他发现白光并不是单色的，而是由红、橙、黄、绿、蓝、靛、紫 7 种色光合成的，并且还用玻璃三棱镜，将太阳光分解成了多色的光谱。而牛顿最伟大的贡献，还是在物理学，特别是天体力学方面。早在 1666 年以前，他就已经开始用公式来描述运动学三大定律了，而且还发现了离心力和向心力定律。就在 1666 年，他把地球的引力延伸到了月球，并且洞察到，这正是与月亮的离心力相平衡的力。

在瘟疫流行的短短十几个月里，牛顿竟能在如此多的领域里取得如此多突破性的进展，已经大大超出了伽利略的预言，这看上去真像是天意。而那时，他才刚刚 23 岁。特别是万有引力定律的发现，使得天文观测和宇宙学的研究，又大大地往前推进了一步。

"万有引力定律"证明了什么？

后来，牛顿把他的引力理论和其他动力学原理都写进了《自然哲学的数学原理》一书。在这本书里，他第一次证明了所有行星围绕太阳运转的椭圆形轨道，都可以用一个数学公式推导出来。而所有的行星，之所以都在绕着太阳运转而不至于飞出去，正是因为它们和太阳之间存在一种引力。

科学笔记

这个力的大小，与太阳和行星的质量的乘积成正比，而与它们之间距离的平方成反比。即：

$$F=G\frac{Mm}{r^2}$$，F 为万有引力，M 和 m 是两个物体的质量，r 是它们之间的距离，G 是万有引力常数。

牛顿的研究还证明，不仅是太阳与行星之间，而且行星与行星之间，行星与卫星之间，以及宇宙中任何两个物体之间，都存在这样的吸引力，所以把这个定律叫作万有引力定律。经过详细的推导和计算，牛顿进一步证明，这些行星，必然会运行在以太阳为其焦点之一的简单的椭圆形轨道上。

在这之前，教会总是极力宣扬所有星球的运转都是由于神的意志。然而现在，人们终于明白了，正是由于万有引力的存在，才使各个星球之间保持着如此和谐的关系。而且这种关系，是可以用数学公式精确计算出来的。

就这样，经过三代科学巨匠前仆后继的努力，人类对于宇宙的认识终于实现了质的飞跃，不仅上升到了理论的高度，而且找出了普遍存在于各个星球之间的数学关系，这是天文学第一次重大的飞跃。

当然，科学总是循序渐进的，一个人不可能解决所有的问题。由于历史条件所限，牛顿虽然承认时间和空间的客观存在，但却认为，时间和空间与运动着的物质毫无关系，这显然是错误的。这个问题，在爱因斯坦来到这个世界后，才最终得到了解决。

万有引力常数

在万有引力公式中，将万有引力与质量、距离联系起来的，正是万有引力常数 G，G 值的大小反映了万有引力的强弱。那么，G 的数值是多少？又是怎样测定出来的呢？

万有引力常数的精度对天体物理、地球物理、计量学等领域来说意义重大，但是测量的过程却异常烦琐、复杂，非常困难。直到牛顿去世后 71 年，即 1798 年，万有引力常数才被英国物理学家和化学家卡文迪什通过实验测定出来，得到的数值为 6.754×10^{-11}。

2018 年，北京时间 8 月 30 日凌晨，《自然》杂志刊发了中国科学院院士罗俊团队用了两种独立方法分别测出的 G 值为 $6.674\ 184 \times 10^{-11}$ 和 $6.674\ 484 \times 10^{-11}$，为目前国际最高精度的万有引力常数测量值。

第二次飞跃：如何从理论到观测？

头脑风暴

从爱因斯坦的相对论，到哈勃的望远镜，我们发现了什么？

科学的发展是一种积累效应，积累到一定程度，就会迎来一次飞跃。就拿人类对宇宙的认识来说，远古的积累形成了"地心说"，这主要基于直观的感觉。从哥白尼到伽利略，"日心说"占了上风，这主要是基于观测的结果。

牛顿集前人的物理和数学成果之大成，终于发现了万有引力定律，使得人类第一次有可能用一个公式来描述各个天体之间的关系。而到了19世纪向20世纪过渡的时期，由于原子结构的发现，电磁辐射的观测，许多现象都无法再以原先的理论来解释了，科学又面临一些新的问题，同时也预示着一次新的飞跃。

科学的每一次飞跃，都是由一批出类拔萃的科学家来完成的。这次是爱因斯坦应运而生，以他为代表的一批科学巨匠，完成了人类有史以来也许是最为伟大的科学革命。

爱因斯坦是如何提出相对论的？

牛顿去世之后的 152 年，也就是 1879 年 3 月 14 日，爱因斯坦来到了这个世界上。和牛顿小时候有点相似，童年时的爱因斯坦看上去既不像个天才，也不顺从，有时甚至还有点怪癖，而且他直到 4 岁时才能说出一个完整的句子。爱因斯坦出生在德国，后来到苏黎世完成了学业。作为成年后的第一个职业，他在瑞士专利局当了 7 年小职员。直到 30 岁以后，他的才华才逐渐得以显露，也就是所谓的"三十而立"。

1905 年，爱因斯坦首先提出了狭义相对论，这个理论的出发点是两条基本假设——狭义相对性原理和光速不变原理，由这两条基本假设出发，就可以得出以下两个特殊的推论：一、在高速运动中时钟变慢了，东西也缩短了；二、在高速运动中，物体的质量会随着速度的增加

而增加。这时候，物体的质量 m 与它所包含的能量 E 之间的关系是：$E = mc^2$，其中 c 是光速。

这也就是说，如果我们乘一艘飞船以接近光速在太空中旅行，那么我们的寿命就要比在地球上长得多，因为我们在太空中飞行一天，对地球上的人来说也许就是一年。因此，当我们在宇宙中飞行了一年之后，再回到地球上一看，原来已经过去了 3 个多世纪。这也就是说，我们的寿命延长了 300 多倍。一年按 365 天计算，如果一个人刚刚降生到地球就进入了太空，以接近光的速度在宇宙中飞行一辈子，到他 70 岁时落叶归根，又回到地球上的时候，那时地球上已经过去了 25 550 年！

1915 年至 1916 年，爱因斯坦又提出了广义相对论。广义相对论是描述物质间引力相互作用的理论，这一理论首次把引力场解释成时空的弯曲。

实际上，还在年轻的时候，爱因斯坦就对引力和光发生了浓厚的兴趣。早在 1911 年，他就已经猜测到，来自星球的光线，在通过一个巨大的天体时，可能会发生弯曲。后来，这一猜测终于得到了证实。1919 年 5 月 29 日，在南半球发生了一次日全食，当阳光完全被遮挡起来之后，立刻天黑地暗，繁星满天，黑夜重新降临大地。这一年，天文学家爱丁顿组织了两支考察队，分赴非洲和南美洲，拍下了日食夜空的照片。

当科学家们将这些照片与 6 个月前在黑夜拍的照片相比较时，

他们惊奇地发现：所有在太阳周围的那些星星的位置，都明显地向太阳靠拢了。

科 学 笔 记

人们这才恍然大悟，这正好证明了爱因斯坦的预言，即当这些星星的光束通过太阳附近时，由于受到太阳引力的作用，发生了向太阳方向的弯曲与折射。

一项伟大的理论终于得到了证实，爱因斯坦成了全世界万众瞩目的中心人物。就这样，爱因斯坦用几个看似简单的公式，轻而易举地解决了天文观测中长期困扰人们的一系列难以解释的现象和问题。

人们终于认识到，宇宙并非仅仅是无限的时间和空间，还包括那些正在高速运动着的物质。而且，也并不像牛顿认为的那样，时间、空间和物质都是独立存在的，彼此之间风马牛不相及，没有什么关系，恰恰相反，时间、空间、物质、运动密切相关，紧紧地联系在一起，构成了宇宙的四大要素。

于是，人类对于宇宙的认识，又来了一次质的飞跃。

爱因斯坦为什么聪明？

现在，几乎全世界的人都承认，爱因斯坦是人类有史以来最聪明的人，而且没有之一。可是，1905年以前，爱因斯坦默默无闻。如果把时间往前反推到爱因斯坦的童年，人们看到的则是一个羞怯胆小、孤僻自卑、反应迟钝，甚至连话也说不清楚的小男孩。

童年时平凡无奇的爱因斯坦

爱因斯坦出生在德国一个犹太商人的家庭里，虽然并不特别富裕，一家人却能其乐融融。作为家中的第一个男孩，父母对他的期望值特别高，希望他长大能有出息。但是，上帝却似乎和他们开了一个玩笑。爱因斯坦小的时候并不出众，甚至还有点语迟，3岁多还不会讲话。父母非常担心，孩子会不会是个哑巴，曾经带他到医院找医生检查。还好，小爱因斯坦不是哑巴，只是发育迟缓，直到 9 岁，他还不能流畅地讲出一个句子。他每讲一句话都很吃力，必须认真思考一阵子。

小爱因斯坦不仅讲话有点问题，行为也有点怪异。四五岁时，爱因斯坦有一次卧病在床，父亲送给他一个罗盘，当他发现指南针总是指着固定的方向时，感到非常惊奇，觉得一定有什么东西隐藏在这种现象的后面。他爱不释手，还缠着父亲和雅各布叔叔问了一连串的问题。尽管他连"磁"这个词都说不好，但他却顽固地想要知道，指南针为什么能指南。这也许是他第一次接触和思考科学问题，直到 67 岁，他还记得清清楚楚。

爱因斯坦在小学和中学的时候，不仅学习成绩一般，而且因为他举止缓慢，不爱同人交往，老师和同学都不喜欢他。教他希腊文和拉丁文的老师，对他更是厌恶，曾经公开骂他："爱因斯坦，你长大以后，肯定一事无成。"因为担心爱因斯坦在课堂上会影响其他学生，这位老师甚至想把他赶出校门。教爱因斯坦数学的老师也持同样的看法。

但是，爱因斯坦的父亲，对自己的儿子抱有很高的期望。有一次，他去问校长对自己儿子的看法。校长毫不掩饰对爱因斯坦的蔑视，直截了当地对他说："你的儿子不会有什么大出息。"

亲人的温暖和呵护

人生三部曲：家庭，学校，社会。小爱因斯坦在学校里，受到了同学的讽刺和嘲笑，受到了老师的训斥和贬低，但是在家里，却得到了亲人的温暖和呵护。

爱因斯坦的父亲，生意做得并不好，却是一个非常乐观、心地善良的人。他们家里，每星期都有一个晚上，邀请来慕尼黑念书的穷学生吃饭，以这种方式救济他们。其中，有一对来自立陶宛的学医科的犹太兄弟——麦克斯和伯纳德。他们的兴趣非常广泛，喜欢阅读书籍，很快就和羞答答、长着黑头发和棕色眼睛的小爱因斯坦成了好朋友。

麦克斯可以说是爱因斯坦的"启蒙老师"。他借了一些通俗的自然科学普及读物给爱因斯坦看。在爱因斯坦 12 岁的时候，麦克斯给了他一本平面几何教科书。爱因斯坦晚年回忆这本神圣的小书时说："这本书里有许多断言，比如，三角形的三条高所在的直线交于一点，给我留下了一种难以形容的印象。"就这样，爱因斯坦从这些通俗读物里，知道了自然科学领域里的研究方法和主要成果。科普读物不但丰富了爱因斯坦的知识，而且引起了他对科学的好奇和对问题的深思。

爱因斯坦的母亲，是个受过中等教育的家庭妇女，特别喜欢音乐，对小提琴情有独钟。在爱因斯坦 6 岁的时候，母亲就教他拉小提琴。所以，爱因斯坦也非常喜欢音乐，终生不离小提琴。每当疲劳或者烦恼的时候，他就会拉上一曲，抒发自己的感情，减少内心的压力。

小爱因斯坦在学校的时候，有一阶段非常不喜欢数学，特别讨厌代数和几何。他的叔叔雅各布是一个工程师，非常喜爱数学。当小爱因斯坦来找他问问题时，雅各布总是用很浅显通俗的语言，把数学知识介绍给他。在叔叔的影响下，爱因斯坦较早就受到了科学和哲学的启蒙教育。

爱因斯坦考大学也不顺利。1895 年秋天，经过深思熟虑，他决定报考瑞士苏黎世大学。可是，他却没有考上，因为外文不及格。落榜后的爱因斯坦并没有气馁，而是参加了一个中学补习班。一年以后，他考入了苏黎世联邦理工学院。

爱因斯坦大学毕业时，正赶上经济危机爆发。由于他是犹太人，又没有关系，也没有钱，所以找不到工作，他只能失业在家，无所事事。为了生活，他只好到处张贴广告，给人家讲授物理，赚取酬劳很低的生活费。这段失业的经历，给了爱因斯坦很大的帮助。在讲授物理的过程中，他对传统物理学进行了反思，促成了他对传统学术观点的深入思考和猛烈抨击。

1905 年 3 月，爱因斯坦将自己认为正确无误的论文送到了德国《物理年报》编辑部，腼腆地对编辑说："如果能在你们的年

报中找到篇幅，为我刊出这篇论文，我将感到非常愉快。"这篇"被不好意思"送出的论文，名叫《关于光的产生和转化的一个推测性观点》。

这一年，爱因斯坦在科学史上创造了一个史无前例的奇迹。在这一年的3月到9月，他利用在专利局每天8小时工作以外的业余时间，做出了4个有划时代意义的贡献：他提出了光量子假说，解决了光电效应问题；提出论文《分子大小的新测定法》，取得博士学位；完成论文《论动体的电动力学》；独立而完整地提出狭义相对性原理。从此一发不可收，他很快就成了世界名人。

爱因斯坦的大脑比别人大吗？

关于爱因斯坦的故事很多，一旦成了名人，什么都成了故事。但是，所有的故事都表明，爱因斯坦小的时候，智力平平，并不是一个聪明的孩子，甚至还有点怪异。他考了两次才考上大学。大学毕业一度失业，是一个普普通通的上班族。至于他小的时候那些古怪的想法，例如追着光线跑，从椅子上跌下来之类，并不能说明他是一个天才。想入非非是孩子的天性，几乎每一个孩子，都会梦想连篇，天真烂漫，幻想出一些稀奇古怪的事情来。

那么，为什么到了1905年，爱因斯坦的才华会像火山爆发似的，突然大放异彩，震惊世界了呢？这是一个值得人们深入探讨的问题。许多人都把爱因斯坦的成功归结为他有一个天才的大脑，有人甚至把幼年时的爱因斯坦，描绘成脑袋就比别人大，这完全是主观臆测。

实际上，爱因斯坦的大脑只有 1 230 克。而和他年纪相仿的男性大脑，平均质量约 1 400 克。也就是说，爱因斯坦这颗伟大的大脑，实际上还偏轻了一些。那么，爱因斯坦到底为什么会特别聪明呢？

有关的科学研究表明，一个人幼年时候的爱好和志趣，往往能决定他终身的命运和事业。但问题是，一个人小时候的爱好和志趣，往往会被斥之为胡思乱想而遭扼杀，或者被认为是小孩子想入非非而遭忽视。从这一点来说，爱因斯坦是非常幸运的，他虽然因为想跟着光线奔跑而遭到同学和老师的嘲笑与排斥，却得到了家人的百般呵护与引导。

他的父亲，以善良宽容和助人为乐，奠定了他善良的本性和健康的心理；他的母亲，以对音乐的痴迷陶冶了他的情操；他的叔叔雅各布，把他引进了数学王国，使他从厌倦数学变成了热爱数学，从而为他打下了坚实的数学基础；他的朋友麦克斯，使他有机会接触到大量的科普著作，从而对科学产生了浓厚的兴趣。

就这样，家庭的温馨，弥补了学校的冷漠；亲人朋友的理解和帮助，鼓励他大胆地追逐梦想和探索。正是如此友好的氛围和宽松的环境，使得爱因斯坦可以天马行空，放任无羁，在宇宙中

遨游，在梦想中搏击，做出了前无古人的伟大成就。

这样的例子，还可以举出很多。美国的生物学家威尔逊，小时候酷爱昆虫，常常一个人跑进森林里观察蚂蚁，家人不仅没有限制他，反而给予他鼓励。后来，他成了全世界研究蚂蚁的权威，而且独创了社会动物学。

鄙人不才，不能和这些伟大的科学家相提并论，但也正是因为小时候想入非非，梦想着走南闯北，出去看看外部世界，后来走到了南极和北极。

由此可见，人们寄希望于爱因斯坦的成功，是因为他有一个比别人大而聪明的大脑。事实证明，爱因斯坦的大脑，不仅不大，而且比与他年龄相仿的男人大脑的平均值还要小 170 克。虽然在爱因斯坦大脑的某些部位，发现了一些现象似乎与他人有所不同，但却无法证明，这些不同就是造成爱因斯坦比别人聪明的原因。实际上，大脑也和其他器官一样，不同人的同一器官，是不可能完全一样的。这也是人的多样性。

于是又想到了教育。天才不是没有，可惜的是，许多孩子幼小时候的梦想，因为各种各样复杂的原因，都被成年人无情地扼杀了。只有极少数幸运儿，能把自己从小的爱好和志趣延续下去，并发扬光大，做出非凡的成绩。爱因斯坦就是其中之一。

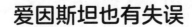

爱因斯坦也有失误

俗话说：智者千虑，必有一失。爱因斯坦被公认是人类有史以来最聪明的人，被评为 20 世纪最伟大的人物之一，他的大脑被用来作为研究人类大脑的标本。但是，即使这样的人类精英，也难免会犯错误。

牛顿发现了万有引力之后，人们自然而然地想到了这样一个问题：行星围绕恒星旋转，是因为向心力（即引力）和离心力保持平衡，所以可以一直运转下去，行星既不会飞离恒星，也不会被恒星所俘获。但是，恒星和恒星之间，并没有谁围绕谁旋转的问题，而它们的质量又是巨大的，会不会有一天，它们由于相互的吸引力而彼此撞到一起呢？

他跟"宇宙大膨胀"擦肩而过

1692 年，有人写信给牛顿，提出了这个问题。由于历史的局限性，牛顿当时只能认为宇宙是无限的，而且所有的恒星，在空间上又都是均匀分布的，来自各个方向的引力正好互相抵消，所以它们不会撞在一起。这种观念根深蒂固，直到 20 世纪的爱因斯坦，仍然认为宇宙是静止的。那时候，人们还没有也不可能意识到，**宇宙会通过膨胀来对抗试图把所有东西都拉到一起的吸引力。**

爱因斯坦认为，不能应用于实际，没有经过实践检验的理论，只不过是一道数学练习题。因此，他希望能找到一个放之四海而皆准的数学模型，以便能应用自己的理论，来描绘整个宇宙的演化过程和运行规律。然而，当他把广义相对论的方程式应用于整个宇宙空间时，得到的解却是不确定的。爱因斯坦惊奇地发现，在他的模型中，空间的距离并不是保持恒定不变的，而是随着时间的推移，或者伸长，或者缩短。这也就是说，宇宙要么是在膨胀，要么是在收缩，似乎总在变化之中。

按理说，这样的结果，正好符合相对论，既然时空是一个整体，而且还会因为物质的引力而弯曲，那么在茫茫的宇宙中，两点之间的距离就不可能是一成不变的。但是，爱因斯坦却聪明一世，糊涂一时。也许因为身在其中，并为传统观念所束缚，他对这样的结果大感困惑，认为空间不应该自己胀大或者缩小，宇宙中两个点之间的距离应该是保持不变的。

百思不得其解之后，他只好认为自己的模型出了问题。为了能得到一个恒定的解，爱因斯坦便在自己的方程式中加上了一个常数项，称为"宇宙常数"，以此来保证宇宙中两点之间的距离不会随着时间而改变。从物理意义上来说，这个常数所代表的是一种莫名其妙的斥力，以此来对抗作用在物体上的引力。当斥力正好等于引力的时候，宇宙就会处于稳定的状态之中，两个点之间的距离是恒定的，这就是所谓的爱因斯坦静态宇宙。

正因为这个莫名其妙的常数，爱因斯坦失去了做出宇宙正在膨胀这一伟大预言的良机！真是"一失足成千古恨"啊！

弗里德曼的遗憾

几年之后，一位出生于圣彼得堡的年轻数学家和物理学家弗里德曼，在详细地研究了爱因斯坦所做的计算之后，发现这位极其伟大的科学家犯了一个非常关键的错误。

他相信，这个静态的宇宙，肯定是爱因斯坦对他的方程式做了修改之后的一个解，但却并不是这个方程唯一的解，而是还有别的解。弗里德曼按照不加任何修改的广义相对论方程进行了计算，所得的解却是动态的、非静止的，是一个膨胀的宇宙，恰好与爱因斯坦方程原先所描述的完全一样。

他把这一结果寄给了爱因斯坦。起先，爱因斯坦认为肯定是弗里德曼计算错了。但是，他很快就被弗里德曼所说服，因为他所得到的静态宇宙是不切实际的，只是一个特殊的解而已，而且是极其不稳定的，只要稍微有一点更动，就会开始膨胀或者收缩，

正如把一根针倒立在桌子上，要长时间地保持平衡是绝对不可能的。

当然，这些都还只是计算出来的数学结果，有待于通过实际观察来加以证实，但那是7年以后的事了。遗憾的是，弗里德曼未能活到那一天，而于1925年死于伤寒，那时他刚刚37岁，英年早逝，令人痛惜！

什么是光谱？

爱因斯坦的相对论，大大地推动了人类对于宇宙的探测、研究和认识，其中最重要的发现之一，就是红移。科学家们如何发现红移的呢？这得从光谱谈起。

人类所看到的光，首先是太阳光，却很少有人想到，太阳光还是许多种光的组合体。实际上，大自然早就把这种奥秘昭示给了人类，那就是彩虹。那弯弯的彩虹，曾经激起多少人的联想与遐思，但却没有人知道，大自然传达给人类的到底是什么信息。直到牛顿让太阳光穿过一个透明的玻璃三棱镜时，才终于揭开这一奥秘，他看到了一个由红、橙、黄、绿、蓝、靛、紫七种不同颜色组成的彩带，这就是光谱。

七色光的秘密

进一步的研究表明，太阳光原来是由红、橙、黄、绿、蓝、靛、紫七种颜色的光组成的，所以叫作七色光。其实，早在牛顿之前，有人就注意到了这种现象。例如，亚里士多德就曾对此做过研究，却无果而终，未能给出一种合理的解释。牛顿以其坚实的数理基础，给了光谱以科学的解释。他指出，白光是由不同的光线合成的，而这些不同的光线，因为其频率不同，所以颜色也不同。当它们穿过三棱镜时，不同频率的光线，折射角有所差异，所以便被分解开来，显示出了它们本来的颜色。

这一发现也有力地证明了光确实是一种波。而七色光的波长，以红光为最长，依次递减，紫光为最短。实际上，除红光和紫光之外，还有波长更长和更短的波，但人们的眼睛看不见它们，所以人们便把这七色光叫作可见光。而把波长比红光长的不可见光叫作红外线，波长比紫光短的不可见光叫作紫外线。后来，科学家们进一步发现，不同的元素有不同的光谱。因此，光谱又成为用来确定元素的一种有力的工具。

多普勒效应

1842 年，奥地利物理学家多普勒发现了一个非常有意思的现象。他在研究中注意到，在光源固定的情况下，光的波长是不变的，光谱的位置也保持稳定。但是，当光源发生移动时，光谱也跟着移动。

这就叫作多普勒效应。

科 学 笔 记

当光源离开观测者而去时，光谱就会向红光的一侧移动，这说明其波长变长了；相反，当光源向着观测者而来，光谱就会向蓝光一侧移动，这说明其波长变短了。而且，光源离去的速度愈快，其光就显得愈红；光源奔来的速度愈快，其光就显得愈蓝。

什么是红移？

实际上，在日常生活中也会遇到类似的现象。例如，当你坐在火车里，倾听迎面开来的火车汽笛的声音时，就会发现，在火车还没有到达之前，汽笛的声音会愈来愈尖厉，那是因为声波的频率愈来愈高，波长愈来愈短。然而，火车一旦从你面前飞驰而过，汽笛的声音就会来一个突然的转折，从尖厉的高峰跌落下来，变得愈来愈低沉，那是因为其频率愈来愈低，波长愈来愈长。

为什么会这样呢？这是因为，当光源或者声源静止时，它们发出的波是以固有的波长或者频率到达我们的眼睛或耳朵的。但是，当光源或声源向我们奔来时，在原来的光速或者声速的基础上，又叠加上一个光源或者声源移动的速度，所以其频率就会愈来愈高，波长也就会变得愈来愈短；反之亦然。

美国天文学家斯里弗，在亚利桑那州的罗威尔天文台上设置了分光镜，用来观测和分析一些星云和恒星的光谱，以便了解它们是由哪些元素构成的。1912 年，他惊奇地发现，有一个星云的光谱与一些恒星相比，已经明显地移到了红光的一侧。当时他注意到，该星云的氢、氦等典型元素的光谱，虽然清晰可辨，但其位置都明显地向红光一侧移动了许多，这是多普勒效应所致。

后来，斯里弗正式宣布，他所测量的几乎所有的星云，都在以很高的速度离我们而去，这就是所谓的"红移"。但是，因为那时候爱因斯坦的广义相对论还没有问世，人们对这种现象还想不出一种合理的解释。

哈勃望远镜看到了什么？

1889 年 11 月 20 日，一个新的生命在美国密苏里州的马士费尔德呱呱坠地，这就是 20 世纪伟大的天文学家爱德文·鲍威尔·哈勃人生的开始。哈勃是一个很聪明的人，但却不肯安分守己。

他先是在芝加哥大学修读数学和天文学，而且还成了一名很优秀的重量级拳击手。但是，哈勃既不想当科学家，也不想打拳击，而是想当律师，便到牛津大学去学法律，并且取得了学位，很快就成了一个相当成功的律师。然而，哈勃觉得当律师枯燥无味，毅然重返芝加哥大学专攻天文学，并于 1917 年获得了博士学位。第一次世界大战之后，哈勃决定远离尘世，将自己的余生奉献给最令他激动的天文观测，于是来到了加利福尼亚威尔逊山天文台，利用当时世界上最大的望远镜，专心致志地观测遥远的星云和星系。

发现测定星际距离的方法

哈勃对天文学的贡献，首先在于他找到了一种测定星际距离的方法。在他之前，人们曾经用三角视差法来测量恒星到地球的距离，但这种方法只能测量离我们最远不超过 100 光年的恒星，对距离我们太遥远的恒星就无能为力了。而哈勃则发明了一种新的方法，即利用对某些特殊的叫作"造父变星"的恒星亮度周期性的变化，建立起一套能够定量地测定恒星距离的方法，这使得他的望远镜可以观测到更远的距离，大大地开阔了人类的眼界与视野。

那时候，由于观测手段所限，人们普遍认为，银河系就是宇宙的全部，不可能再有更远的星系了。然而，1924—1925年，哈勃在对旋涡状的仙女座大星系进行了仔细的观测之后，发现了一系列造父变星。他利用这些变星的光变特性，并根据周光关系算出距离，确认它是银河系之外的恒星系统，在科学界引起了轩然大波。经过多年的观察和计算，如今，我们知道仙女座大星系距离我们200多万光年。

这一观测结果有力地证明，在我们的银河系之外，还有许多大大小小的星云或星系。也就是说，在茫茫的宇宙当中，有着许许多多大大小小的星云或者星系，集中了大量的物质，就像是一些孤零零的岛屿，这就是所谓的"岛宇宙"的理论。

什么是哈勃定律？

在此基础上，1929年，当哈勃把星系距离的数据和斯里弗所观测到的星系光谱移动的资料结合起来，加以研究和分析时，他惊奇地发现，离我们愈远的星系，它们的光谱向红光一侧的移动就愈大。也就是说，我们向宇宙深处看得愈远，那里的星系看上去飞离我们的速度也就愈快。

科 学 笔 记

这就意味着，星系离开我们而去的速度，与它们和我们之间的距离成正比。

这就是人们公认的哈勃定律。而飞离的速度与距离之比，就是所谓的哈勃常数。

引力和黑洞有什么关系？

宇宙是无穷的，也是无形的，至少到目前为止，人类还没有办法知道宇宙到底是个什么样子。那么，如此庞然大物是如何存在并运转的呢？正是因为有了万有引力。

什么是引力？

事实上，引力是宇宙万物的凝聚力，如果没有它，恒星不可能生成，行星不可能维系，没有星团，没有星系，所有物质都将四散而去，当然也就不可能有生物出现了。而人类之所以能生活在地球上，也是因为受到地球引力的作用，否则，我们就会像氢气球一样飘散而去。而且，我们能够观察和研究宇宙，也是从引力开始的。

伽利略证明了自由落体速度与质量无关，牛顿发现了万有引力定律，而爱因斯坦进一步证明了时间和空间不仅是密切相关的，而且还会因为引力的存在而弯曲。由此可见，引力不仅是维系宇宙万物存在和运转的力量，而且是探测宇宙奥秘的钥匙。

三个宇宙速度

美国有一则笑话，说有三个牧师，当人们问他们如何来决定他们的薪水时，第一个牧师回答说，他会在地上画一条线，然后把人们捐的钱扔过去，落在线右面的钱是上帝的，落在线左面的钱则是上帝赐给他的；第二个牧师说，他会在地上画一个圈，然后把钱扔过去，落在圈子里面的钱是上帝的，落在圈子外面的钱，则是上帝赐给他的；第三个牧师对天发誓说："万能的上帝啊！那两个家伙是何等虚伪！他们明明知道您在天上，却把钱往地上扔，您怎么能够得到呢？简直是对您的愚弄和亵渎！我将把人们捐的

钱往天上扔，您要多少只管拿去，落到地上的，则是您给我的赏赐。"

那么，抛离地面的物体，是不是都会落回到地球上呢？不一定，这取决于物体飞离地面时的初始速度。计算的结果表明，如果不考虑空气的阻力，任何物体，只要它离开地面时的初始速度达到 7.9 千米 / 秒，其离心力就可以与地球的引力相平衡，从而进入椭圆形轨道，围绕地球而旋转，成为地球的卫星，这叫作第一宇宙速度；如果其初始速度达到 11.2 千米 / 秒，其离心力就足以克服地球的引力，它就会脱离地球引力的束缚，沿抛物线飞离地球，在太阳引力的作用下，环绕太阳而飞行，成为太阳的行星，这叫作第二宇宙速度；如果其初始速度达到 16.7 千米 / 秒，由于其离心力大于太阳的吸引力，它就会脱离太阳系，环绕银河系的中心而飞行，这叫作第三宇宙速度。

初始速度在第一和第二宇宙速度之间的物体，会沿着椭圆形轨道，围绕地球运转。初始速度愈快，其椭圆轨道也就愈扁。同样，初始速度在第二和第三宇宙速度之间的物体，则会沿着椭圆形轨道绕太阳旋转，其速度愈快，椭圆愈扁，一旦达到了第三宇宙速度，就会飞离太阳系，进入更加广阔的宇宙空间。狡猾的牧师当然知道，他抛出的钱，无论如何也达不到这样高的速度，肯定会落到地面上，自然也就进到他的腰包里。

应该说明的是，这三个宇宙速度，是指地球表面而言，并不是在宇宙中任何地方都是这样的。如果我们站在太阳上，要使一个物体脱离太阳，其初始速度就必须等于或大于第二宇宙速度。也就是说，宇宙速度是与天体的质量密切相关的，天体的质量愈大，要脱离它的宇宙速度也就愈大。

那么，会不会出现这样的情况，当一个天体的质量大到一定程度时，其引力也将是巨大的，以至于任何东西都无法离它而去？回答是肯定的，那就是黑洞。

什么是黑洞？

实际上，牛顿发现了万有引力定律之后，有人很快就想到了这个问题。法国伟大的数学家拉普拉斯在一篇论文中宣称，如果把足够多的质量，都叠加在一个星球上，例如太阳，它的引力就会变得如此之大，以至于使得要脱离它的宇宙速度等于光速。在这种情况下，光也没有办法脱离这个天体，它就会变成一个看不见的星球，即"黑星"。

后来，爱因斯坦利用相对论进一步论证，没有任何物体运动的速度能够超过光速。也就是说，光速是宇宙中速度的极限。

科 学 笔 记

这就意味着，拉普拉斯所谓的"黑星"，就像一个大口袋，任何物质一旦进入其中，就再也出不来了，光也不例外，这就是所谓的"黑洞"。

黑洞能被看见吗？

实际上，黑洞的生成，不仅仅取决于质量的大小，还与密度密切相关。1916年，德国的天体物理学家史瓦西，根据爱因斯坦的理论进行了计算。结果表明，如果把任何一个星球的质量，拼命地往里压缩，使其体积愈来愈小，密度愈来愈大，那么当其半径小到某一个数值的时候，其引力就会变得大到连光线也没有办法挣脱它的约束，这时它就变成了一个黑洞。这个半径，就叫作"史瓦西半径"。这时候，在这个星球外面某一个空间范围之内，形成了一层"薄膜"。在这层"薄膜"的外面，因为有光线存在，还可以看到东西。而一旦进到这层"薄膜"，光线就被吸进去，无法逃逸，什么也看不见了。人们把这层"薄膜"，叫作"视界"，即视线的边界，也就是黑洞的边界。不过，"视界"内外的通道依然是存在的，这表明黑洞的"视界"作为一种分界线并不是物理性质的屏障。

由此看来，茫茫宇宙空间，原来是危机四伏，人类驾驶宇宙飞船到太空去旅行，万一撞上这些可怕的黑洞，就会有去无回，万劫不复。所幸的是黑洞并非遍布宇宙，而是必须具备一定的条件。进一步计算的结果表明，史瓦西半径的大小，与星球的质量成正比。例如，太阳现在的半径大约是 696 000 千米，而它的史瓦西半径约为 3 千米。也就是说，只有当我们把巨大的太阳，压缩到半径只有 3 千米时，它才会变成一个黑洞。这时候，如果我们驾驶飞船，渐渐靠近已经变成黑洞的太阳，只要在它的视界以外的地方飞行，就不会被它吸进去。而且，也并不是所有的天体都可以变成黑洞，必须要有足够大的质量才有可能。

黑洞是如何形成的？

黑洞很可能是恒星演化的最终结果。恒星也和人一样，有生有死，有少年、青年、壮年和老年，当然它们的寿命要比人长得多。恒星的形成并不是那么容易的事情，最初，由气体和尘埃组

成的星云，由于引力的作用而凝聚在一起，从而形成星球，这是它的童年时期。然后，由于引力而继续收缩，在中心区域形成高温高压，结果导致热核反应，从而进入青壮年时期。再经过若干年，由于内部的一系列反应，恒星会突然膨胀得很大，成为红巨星，开始进入老年。最后，当恒星核中的大部分燃料都消耗殆尽时，红巨星又开始收缩而且冷却，步入消亡，就算是寿终正寝了。

有趣的是，恒星死后，归宿还不一样。质量较小的恒星在死亡过程中形成星壳和星核两部分，如果其星核质量低于太阳质量的1.44倍，就会形成白矮星，默默无闻，暗淡无光。一般来说，这样的恒星死亡前的质量在太阳质量的8~10倍以下。这也就是说，太阳将来即使老了，也只能蜕化成一个白矮星，而不可能变成一个黑洞。

当老年恒星的质量为太阳质量的10~30倍时，它就有可能最后变为一颗中子星。恒星演化后期，它在爆发坍缩过程中产生的巨大压力，使它的物质结构发生巨大的变化，原子核中的质子和中子被挤出来，质子和电子挤到一起又结合成中子。所有的中子挤在一起形成了中子星。与白矮星相比，中子星则要"显赫"得多，其密度可以达到几十亿吨/立方厘米。

比这个限度或级别质量再大的恒星，在蜕变死亡以后，其自身巨大的吸引力足以把中子都挤压成碎沫，形成密度高到难以想像的物质。由于高质量而产生的引力，使得任何靠近它的物体都会被吸进去，以至于连光也不能从它这里逃脱，这就是黑洞。

黑洞也有生有死吗？

那么，黑洞一旦形成，是不是就会永远存在下去呢？不会的，正如动物的尸体会腐烂一样，黑洞也有生死。1974年，著名的英国物理学家霍金研究证明，与其他星球相比，黑洞虽然是冷的，但它的温度还是高于0K（–273.15℃）的。我们知道，凡是自身温度比周围温度高的物体，都会向周围释放热量，黑洞当然也不例外。霍金计算的结果是，一个典型的黑洞，将会在几百万亿年内，释放出其全部的能量后而消失。

在很长一段时间里，黑洞只是人们的想象和根据理论的推测而已，因为根本就看不见，所以很难发现它们。但是，物质在落入黑洞之前，会释放出大量的X射线。科学家们通过对黑洞周围突发性的X射线的观测，已经探测到了愈来愈多黑洞存在的确切证据。2019年4月，全球多地天文学家同步公布了黑洞照片。在一个距地球约5 500万光年的M87星系的中心部位，存在一个超大质量的黑洞。在空间望远镜上摄取的照片表明，在M87中心附近，有大量发光的气体，在以极高的速度运动着。用计算机模拟的结果显示，这些气体之所以能以如此高的速度运动，正是因为其中心有一个巨大的黑洞吸引着。这个黑洞的质量，大约是太阳

质量的 65 亿倍。

经过十多年的追踪，科学家们认为，银河系的中心可能也存在一个巨大的黑洞。因为他们观察到，那些银河系中心周围的恒星运动速度极快，是太阳系绕银河系公转速度的 50 多倍，而且它们都在绕着一个共同的"未知天体"运动。计算的结果表明，如果这个黑洞确实存在的话，那么它的质量大约是太阳质量的 400 万倍。不仅如此，哈勃太空望远镜还发现，在宇宙大型星系的中心，可能都存在一个巨大的黑洞。

至此，爱因斯坦相对论的预言，再一次为观测所证实。

宇宙发生过"大爆炸"吗？

爱因斯坦的相对论，预言了光线的弯曲，预言了时空的畸变，同时也预言了宇宙的非稳态，但他自己并没有意识到这一点。他后来多次声称这是他一生中最大的失误。他多次撰文论述，认为宇宙需要一个起始点。如果他的推断是正确的，那就意味着，宇宙曾经发生过"大爆炸"。

1929 年，当哈勃把他的观测结果公布于世时，一石激起千层浪，在学术界引起轩然大波，有人激烈反对，有人摇头叹息，但更多的人是积极跟进，架起了更高倍数的望远镜，采用了更新的观测技术，对茫茫宇宙展开了更加深入的窥探和研究。但是，当人们把积累起来的所有新的资料和证据，放在一起进行综合分析和计算时，所得的结果进一步表明，哈勃虽然在计算星系之间的距离时稍有偏差，比实际距离要小一些，但他关于星际距离与星球离去的速度之间的正比关系，却是完全正确。

怎样来理解这种关系呢？科学家们想来想去，唯一的解释只能是膨胀。假设有一个弹性极好的气球，可以毫无限制地膨胀下去，那么，在这个气球的表面以及内部任何两个点之间的距离，都会随着气球的膨胀而增大。随便选一个点作为参照点，假设我们就站在那里，这时就可以看到，气球表面和气球内部所有的点，都会随着膨胀而彼此分开，离得愈来愈远。而且，离参照点愈远的点，飞离参照点的速度也就愈快。如果一个点，离开参照点的距离正好是另一个点的两倍，那么，它飞离参照点的速度，也正好是那个点的两倍。这就是哈勃定律。

"大爆炸宇宙论"的鼻祖

既然宇宙中所有的星系都在以极快的速度彼此远离而去，那么，我们能不能反向追踪一下，看看它们是不是可以回到同一个原点上呢？也就是说，它们是不是在相当遥远的某一个时刻，都是从一个原始点上向四面八方抛撒出去的？如果真是这样，必须具备两个条件：一是正如爱因斯坦说过的那样，宇宙确实需要一个原始的起点，科学家们称之为"奇点"；二是宇宙往外膨胀的

速度不可能是均匀的，开始时肯定极快，后来就会愈来愈慢。这就是所谓的"大爆炸宇宙论"。

可是，当人们沿着这个思路继续想下去的时候，不禁又会摇起头来，因为宇宙中有这么多星球，这么多星系，这么多尘埃，这么多微粒，怎么可能把它们统统压缩到一个点上去呢？如果真能做到这一点，那么这个点的密度究竟有多大？即使是对世界上最疯狂的人来说，这也是难以想象的！

具有讽刺意味的是，第一个对宇宙早期的密度做出计算和预测的，竟是一个牧师！1927年，比利时牧师兼天文学家乔治·勒梅特，发表了他的研究成果，第一个预测了宇宙的早期密度。不久以后，他进行了补充，把宇宙的原始起点称为"原始原子"。他认为"原始原子"还可以用残余热辐射的方式加以探测。结果，他便成了"大爆炸宇宙论"的鼻祖。

宇宙大爆炸都有哪些证据？

那么，什么叫残余热辐射？我们知道，任何形式的爆炸，都会伴随有大量的热量散发。如果宇宙真是由大爆炸而来的，那么，它肯定也会有大量的热量散发出来。

其他的热源，例如炸弹爆炸、火山爆发，都会因为其热量散发到周围的大气中去而逐渐冷却，直到其与周围环境的温度一样为止。但是，宇宙就不同了，它既没有"周围"，也没有"环境"，它的原始热量是没有办法散发出去的。所以，宇宙当中应该还有一些剩余的能量，这就叫作"残余辐射"或者"背景辐射"。

1948年，美国两位年轻的科学家提出，从大爆炸散发出来的残余热辐射，由于宇宙的膨胀而冷却。现在，宇宙所具有的背景温度，应该是热力学温度（单位符号为K，0K相当于–273.15℃）5K左右。但是，遗憾的是，这些预言并没有引起人们的足够重视。甚至直到20世纪60年代初期，科学界对"大爆炸宇宙论"仍然是嗤之以鼻，认为试图再现宇宙早期历史的细节，几乎是不可能的。

1960年，美国发射了"回声1号"卫星。1964—1965年，为了跟踪这颗卫星，贝尔实验室的两位无线电工程师阿尔诺·彭齐亚斯和罗伯特·威尔逊，在新泽西州的霍尔姆德尔，架设起6米号角式接收天线系统，其定向灵敏度高于其他射电望远镜。这个巨大的牛角形的天线，被冷却到几乎是0K，以便能感受到温度极低的热辐射。然而，尽管他们费了九牛二虎之力，用尽了各种招数，反复进行了调试，还是没有办法消除一种莫名其妙的嗡嗡叫的噪声源，像有一群讨厌的蜜蜂似的。

开始的时候，他们以为可能是天线上的鸽子粪造成的，于是想方设法把附近的鸽子赶走，并把天线清理干净，但仍然无济于

事。在经过了几个月的艰苦努力，排除了所有可以想到的干扰因素之后，他们终于意识到，问题并不是出在仪器上，他们所接收到的，肯定是来自太空的某种信息。有趣的是，无论他们把天线对准什么方向，这种信号都存在，而且总是保持稳定，非常均匀。

差不多与此同时，普林斯顿大学的一个科学家小组，正在有意识地搜索大爆炸所留下来的残余辐射。他们自己动手，专门设计了一台探测仪。但是，还没有等他们的结果出来，就传来了贝尔实验室接收到了一种无法消除的噪声的消息。他们敏感地意识到，这就是宇宙大爆炸所留下的残余辐射！

在随后几十年的时间里，越来越多的观测，使用各种不同的仪器，在很多波段上，都证明了背景辐射的存在，将温度定格在2.7K，并且证明它是完美的黑体辐射，这与以前所预测的宇宙背景辐射的数值多么接近啊！

事实证明，这种辐射源显然已经超出了地球的大气层，也超出了太阳系，甚至超出了银河系和任何其他可见的星系。通过对这种充满宇宙空间的微波背景辐射的探测和分析，宇宙学家们终于看到了原始宇宙的一个清晰的轮廓！

遗憾错过的诺贝尔奖

彭齐亚斯和威尔逊是无心插柳柳成荫，因为这项意外的发现而得了诺贝尔奖。而由罗伯特·迪克领导的普林斯顿大学科学家小组，专门想探测这种辐射，却晚了一步，得了个亚军，只能抱憾终身。

更加遗憾的是苏联。早在20世纪50年代，苏联科学家什茂诺夫就已经发现了这种辐射，并用俄文公布了这一事实。当时，什茂诺夫建造了一个对微波信号非常敏感的天线，结果清楚地探测到了某种无线电波信号，在天空中各个方向上都是均匀的，并且计算出，与这种辐射相当的温度，大约在1~7K。可惜的是，那时候，无论是他本人还是别的科学家，都不知道这项发现的重大意义。直到1983年，什茂诺夫才听说"大爆炸宇宙论"的预言以及彭齐亚斯和威尔逊的发现，但已经是他们获得诺贝尔奖5年以后了。

至此，科学界才开始对"大爆炸宇宙论"刮目相看了。但是，残余辐射的发现，并没有消除人们对宇宙大爆炸的疑虑，因为人们完全可以认为，这种辐射也许是在宇宙开始膨胀很久之后，由于发生了某种剧烈的事件而产生的，而并不是宇宙大爆炸的产物。如何才能消除这种疑虑呢？科学家们又想到了另外一个问题。

宇宙背景辐射

实际上，"大爆炸宇宙论"所预言的背景辐射也是具有特定性质的"黑体辐射源"，即来自威力极大的热源的辐射。早在20

世纪 40 年代末，相信"大爆炸宇宙论"的科学家们就已经预言过，背景辐射应该是黑体辐射，这是一种宇宙中任何物体都不可能发出，只有整个宇宙才可能具有的光谱。如果能找到这种辐射，就可以为"大爆炸宇宙论"提供更加有力的证据。

于是，科学家们投入了更大的力量，对这种辐射的性质，进行更加深入的观测和研究。但是，地球大气层的分子对辐射的吸收和反射，干扰了在地面上的观测，使科学家们无法确定这种背景辐射谱是否就是热辐射谱。1989 年 11 月，美国国家航空航天局（NASA）耗资 2 亿美元，专门发射了"宇宙背景探测者"（COBE）卫星进入太空，观测到了人类在自然界所曾见到的最完美的黑体辐射谱，并且证明所观测到的这种背景辐射，与温度为 2.73K 的纯热辐射极其吻合，从而明确无误地确认了宇宙过去要比现在热得多。1992 年，COBE 卫星用前所未有的精度探索天空，用无线电发回宇宙背景辐射的精准画面，再次证实了"大爆炸宇宙论"以及更多的东西。因此，有些科学家断言："'大爆炸宇宙论'已经通过了迄今为止最为严格的检验。"

但是，要肯定宇宙就是由一次大爆炸产生的，并不是一件轻而易举的事，不光是那些总爱吹毛求疵的科学家疑虑重重，就连普通民众，对这样的奇谈怪论也将信将疑。因此，那些对"大爆炸宇宙论"深信不疑的研究者，必须想方设法拿出更多的证据。

例如，根据"大爆炸宇宙论"来推断，大爆炸发生后，宇宙中的元素应该是以特定的比例存在的，氢和氦的质量丰度很高，其他所有的重元素只占有很小的比例。20世纪90年代，科学家用"奋进号"宇宙飞船上的紫外望远镜进行观测，结果找到了表明整个宇宙中存在大量氦的确实证据。除此之外，大爆炸宇宙论还预言，宇宙膨胀的最初几分钟释放出来的能量，应该能够导致某些微量同位素的产生，这同样也为实际观测所证实。

然而，一波未平，一波又起，有人又对微波背景辐射在宇宙中表现得如此均匀和一致提出了异议。他们认为，如果宇宙真是由一次大爆炸形成的话，由于密度分布的不均匀性，有的地方物质比较集中，如星系和星团；而有的地方物质则比较稀少，例如星系之间的空间，微波背景辐射也不应该是绝对均匀的，而是应该有所起伏，或者称为"波纹"。

有人欢欣鼓舞，以为终于找到了否定"大爆炸宇宙论"的理由。但是，同样是利用COBE卫星的探测结果，1992年，科学家宣布，他们发现了这种"波纹"存在的有力证据，与宇宙背景辐射理论预测的结果非常吻合，可以精确到小数点之后的第六位数。1993年，其他科学家根据对高空气球观测资料分析的结果，得出了与COBE数据非常接近的图形，从而为大爆炸宇宙论提供了进一步的证据。

总而言之，"大爆炸宇宙论"正为愈来愈多的实际观测所证实，怀疑论者的阵地似乎是愈来愈小了。

类星体："大爆炸宇宙论"的又一个证据

如果说，此前的证据都是对"大爆炸宇宙论"的原有预言的证实，那么，类星体的发现，则是一个偶然的事件，但同样也为"大爆炸宇宙论"提供了强有力的支持。

我们知道，所有的星系，都含有大量活跃的电子和很强的磁场，都会发射出或强或弱的无线电波。为了探测这些无线电波，人们便制造出了射电望远镜。自从射电望远镜投入使用以来，人们已经发现了大量以前从未有人知晓的天文现象，类星体的发现，就是其中一例。

奇怪的射电源

原先，天文学家们普遍认为，在茫茫的宇宙当中，拥有几十亿颗恒星的星系是能量最大也是最明亮的天体。但是，后来的观测证明，这种想法是错误的。1960 年，有些科学家在利用射电望远镜观测太空时，发现了一种奇怪的现象：有些射电源看上去非常小。而且，奇怪的是，这种单个的射电源，每周的亮度都不同，于是引起了人们的注意。

　　如果要一个星系的亮度有规律地发生变化，那它的上亿颗恒星就必须同步变明或者变暗，那是绝对不可能的。而且，它们的光谱，与其他恒星的光谱大不一样。这类射电"星"的谱线的红移量非常大，比一般恒星的红移要大上百倍甚至上千倍。

　　1962年，在美国工作的荷兰天文学家马尔滕·斯密特，终于揭开了这个秘密，他在对光谱颜色的观察中，辨认出了氢的明显特征。这个特征，处在光谱的另一头，远离红色的一侧，别人都没有注意到。斯密特经过计算证明，这个射电源的红移达16%，所以，它与地球的距离应该非常遥远，至少在15亿~20亿光年以上，正以四分之一光速的速度离我们而去。这就是人类所发现的第一个类星体。

最强大也是最遥远的星体

　　因为这类射电源具有很强的紫外辐射，所以被称为类星射电源。后来，科学家用光学方法，又发现了一类外观很像恒星，紫外辐射也很强，但却探测不到其射电辐射的天体，它们被称为射电宁静类星体。有些类星体虽然体积很小，其直径仅仅相当于星系平均值的一万亿分之一，但它们发射出来的能量却比100个普通星系还要多。

　　这也就是说，它们是人类迄今为止，在宇宙中所能观察到的非常遥远的天体。我们现在所看到的光芒，都是它们在几十亿年，

甚至上百亿年之前发射出来的。因此，它们给我们提供了宇宙最早的信息。

有些天文学家认为，我们现在所观察到的所有星系，可能都是由类星体演化而来的。或者说，类星体实际上就是后来星系的始祖或者雏形。不仅如此，通过对类星体的观察，科学家们还发现，在我们和最遥远的类星体之间，飘浮着一些巨大的氢气云团。由此，科学家们进一步推测，看来在遥远的过去，宇宙中曾经存在足够多的氢气，而我们现在所能观察到的所有物质，都是由这些氢气凝聚而来的。很有可能的是，这些云团凝聚以后，就形成了宇宙中第一代恒星。

而且，使科学家们深感惊奇的是，观测得愈远，发现的类星体也就愈多。这就有力地表明了，宇宙的历史追索得愈早，其类星体的数量也就愈多，分布也就愈密。这就为宇宙是随着时间而变化的这一事实提供了确凿的证据。因此可以说，类星体的发现，给稳态宇宙理论的棺材钉上了最后一颗钉子。而动态的宇宙，正好符合大爆炸的理论。离开了"大爆炸宇宙论"，这些现象是无论如何也无法解释的。

因此，类星体的发现，为"大爆炸宇宙论"提供了进一步的证据。

第三次飞跃：从地球到太空

头脑风暴

人类是怎样飞向太空的？

人类的好奇心无穷无尽，对于宇宙也是如此，人类绝不会仅仅借助于望远镜向浩瀚无边的太空窥探一番就算了事。

从万户到火箭

在古代，由于条件的限制，人类要直接飞上天去是不可能的，我们的祖先便展开了想象的翅膀，让神仙们到天上去探险。于是，玉皇大帝在天上安家落户，就相当于现在的空间站。玉兔上了月球，就相当于现在先把动物装在飞船里做试验。接着又有嫦娥奔月，预示着人类登上了月球。吴刚把人类造酒的技术带进了广寒宫，所以才有"吴刚捧出桂花酒"的诗句。然而，所有这些人物和动物，都是人们凭空想象出来的，有名无实，满足不了人类的欲望，有人则想亲自上天去体验生活。

据说，大约是在明朝初年，即公元 14 世纪末，有个叫万户的人，想当人类中的第一个"天使"。他把许多自制的"火箭"，绑在一把椅子上，自己坐了上去，让别人帮他把火点上，"哧！"的一声飞上了天。可惜的是，万户升天的时间不长，很快就摔了下来，一命呜呼，成了为太空探测而献身的第一个"宇航员"。奇怪的是，万户在中国并无太多人知晓，却上了西方的教科书，被尊为人类探测太空的先驱者，真是"墙里开花墙外香"。20世纪70年代，国际天文学联合会将月球上的一座环形山正式命名为"万户"，以纪念他的探索精神。就这样，万户在为宇宙探测而献身500多年之后，后人总算帮助他实现了遗愿，"登上"了月球。

第二次世界大战后的太空争霸

虽然，火箭的基本原理是由我们的老祖宗首先发明的，但是，要使用黑色火药，把人类送上天去，却是绝对不可能的，因为它不仅推力不够大，而且一飞离大气层，没有了氧气，燃烧也成了问题。因此，要想飞上天，人们必须在燃料上下功夫。首

先取得突破的是德国人冯·布劳恩，他于 1942 年研制成功 V2 火箭，因而被称为现代"火箭之父"。但是，他的火箭并不是为了上天，而是用来杀人。第二次世界大战结束时，纳粹德国的绝大部分火箭技术人员，都被美国掠走，而其主要的技术装备，却落到了苏联的手里。

第二次世界大战之后，东西方怒目而视，分成了两大阵营，剑拔弩张，水火不相容。在冷战阴云的笼罩下，任何事情都被赋予了军事的含义，太空探测更是如此。于是，在美苏之间，展开了一场心照不宣的竞争。先是苏联占了上风，于 1957 年 8 月 21 日，首先试射成功一枚洲际弹道导弹，给了美国一闷棍；接着，于同年 10 月 4 日，又发射了第一颗人造地球卫星，质量为 83.6 千克，命名为"斯普特尼克 1 号"，使人类制造的物体，第一次飞离了地球。

苏联这一连串的伟大胜利，使美国觉得丢尽了脸面，自尊心受到了极大的打击。但是，因为当时美国的火箭技术过不了关，所以只能干着急。1958 年 1 月 31 日，美国终于把自己制造的第一颗人造地球卫星送入了地球轨道，命名为"探险者 1 号"。虽然，这颗卫星只有 8.22 千克，被戏称为"山药蛋"，却总算挽回了一点儿面子。同年 3 月 17 日，美国又将另一颗更小的，约 1 千克的，称作"先锋 1 号"的卫星送上了天。这颗卫星，也许是人类航天史上最小的太空探测器。但是，这两颗卫星虽小，在科学上却都

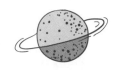

有所发现。第一颗
卫星发现了地球的辐射
带，第二颗卫星测出了地球的
形状像个鸭梨。

从那时起，苏联和美国，都把眼睛盯向了月球这个离地球
最近的天体，展开了一轮新的竞技。开始时，苏联遥遥领先，
于 1959 年 1 月，成功地发射了"月球 1 号"，这是第一个经过
月球附近的航天器；同年 9 月，发射了"月球 2 号"，这是世界
上第一个在月球表面着陆的航天器。紧接着，1961 年 4 月 12 日，
人类进入太空的梦想终于变成了现实，苏联宇航员尤里·加加林，
乘坐"东方 1 号"宇宙飞船，于莫斯科时间 9 时 07 分起航，在
最大高度约 301 千米的轨道上绕地球一周，历时 1 小时 48 分钟，
完成了人类历史上第一次太空航行，因此被称为英雄。不幸的是，
1968 年 3 月 27 日，加加林在一次飞行训练中遇难。当时的苏联
政府，为他举行了隆重的国葬。为了纪念这位代表全人类第一
次进入太空的英雄，加加林牺牲以后，他的办公室按照原样保
留了下来，并用他的名字，命名了月球背面的一座山峰。就这样，
加加林虽然没有到过月球，却在月球上得到了永生。

在此后的日子里，苏联在执行载人飞船登月的计划中接连失
利。美国则全力以赴，终于后来者居上，把人类的足迹第一次印
到了月球上。1969 年 7 月 16 日，由"土星 5 号"火箭发射的"阿

波罗 11 号"飞船，顺利地进入了预定的轨道，并于 7 月 20 日降落在月球的表面上。美国东部时间 21 日 2 点 56 分，宇航员尼尔·阿姆斯特朗走出座舱，把他的双脚慢慢地踩到了月球上。就在那庄严的时刻，他说出了一句名言："这是我个人的一小步，但却是全人类的一大步。"到 1972 年 12 月，美国又相继 6 次发射"阿波罗"飞船，其中 5 次发射成功，总共有 12 位宇航员登上月球，进行了多种科学考察，并把 380 千克的岩石标本带回了地球。

我国的航天梦

那么，作为火药和火箭发明者的后代，我们中国人又做了些什么呢？ 1970 年 4 月 24 日，继苏联、美国、英国、法国之后，中国成功地发射了自己的第一颗人造地球卫星"东方红一号"，虽然在时间上晚了些，但我们的第一颗卫星重达 173 千克，比上述任何国家所发射的第一颗卫星都要大得多，而且还能播放出悦耳的《东方红》乐曲。

自那之后，中国的航天技术有了突飞猛进的发展。2003 年

10 月 15 日，我国成功发射了第一艘载人飞船"神舟五号"，航天员杨利伟首次进入太空。21 小时 23 分的太空行程，标志着中国已成为世界上继苏联和美国之后第三个能够独立开展载人航天活动的国家。2012 年 12 月 27 日，中国自主建设、独立运行的北斗卫星导航系统启动区域性正式服务。2020 年 11 月 24 日，我国成功发射探月工程"嫦娥五号"探测器，2020 年 12 月 17 日，"嫦娥五号"返回器安全着陆，带回了 1731 克的月球样品，首次实现了我国地外天体采样返回。月球样品主要为月壤。2021 年 5 月 15 日，我国实现了第一次对火星的探索目标，"天问一号"着陆巡视器成功着陆在火星表面。2021 年 6 月 17 日，"神舟十二号"载人飞船将聂海胜、刘伯明、汤洪波三名航天员送入太空。三名航天员进入天和核心舱，标志着中国人首次进入自己的空间站。

正是新世纪，中华"神舟"上苍穹。飞出地球看世界，东方跃起一条龙。

宇宙的谜团

　　人类正在一步一步地走向宇宙，但却发现，走得愈远，问题愈多。

　　这部宇宙天书，究竟还有哪些谜团？

宇宙的来历

大约 138 亿年以前，没有地球，没有太阳，没有星空，没有光亮，只有无数能量，集中在一个点上。突然，"砰"的一声巨响，空间和时间同时诞生，迅速往外扩张，这就是宇宙。

这是我在《南极北极与人类未来》的课件中用的一段文字。宇宙诞生于 138 亿年以前，是当前科学界比较公认的数字，更精确一点的数字是 138.2 亿年以前。其中说明了两个观点：宇宙是由大爆炸形成的；宇宙包含了空间和时间两个因素。

但是，如果仔细推敲，有两个疑问似乎无法解释。第一个疑问，讲课时有学生问我："既然那时候没有物质，只有能量，怎么会有'一声巨响'呢？"我无言以对，如实地回答说："你说得很对！宇宙大爆炸时，会不会有一声巨响，是没有办法知道的，这只是根据常理的一种猜想而已。"第二个疑问，宇宙爆炸之前，那些巨大的能量是从哪里来的？这个问题更加复杂，留待以后再探讨。

宇宙是什么？

那么，"宇宙"一词，是什么时候出现的呢？根据西汉的《淮南子》记载："往古来今谓之宙，四方上下谓之宇。"这是人类历史上较早地明确地指出，"宇宙"是由无限长的时间和无穷大的空间两个因素构成的。由此可见，早在2 000多年以前，我们的祖先就对宇宙有了深入的观察和准确的理解。而英文中的"space 或 universe"，指的都是空间，包括天地万物，但并没有时间的含义。

虽然"宇宙"一词在《淮南子》中已出现，但是，我们祖先对宇宙的观察和思考却要早得多。《淮南子》是西汉皇族淮南王刘安及其门客收集史料集体编写的一部哲学著作。该书在继承先秦道家思想的基础上，综合了诸子百家学说中的精华部分。《淮南子》成书于汉武帝初年，距今约2 100年，而道家的鼻祖老子生活的年代，距今约2 500年。这就有力地证明了在《淮南子》之前400多年，至少是在距今2 500多年之前，我们的祖先就已经对宇宙进行了深入的思考和研究。

神秘的哲学家老子

老子是谁？

第一次听到老子的故事，是在很小的时候，晚上无事，听大人们聊天，说老子和常人不一样，出生的时候是从肋骨下钻出来的，大概相当于现在的剖宫产。而且，老子是在李子树下出生的，所以取姓为"李"。那时候，我并不知道老子的真实身份，只觉得非常好奇，他是如何从娘肚子里钻出来的？

直到现在，老子的真实身份还众说纷纭，难以下结论。查证大百科全书，以《庄子》为代表的战国中晚期道家学派把老子称为老聃。《礼记·曾子问》篇，也把老子视为与孔子同时代的知书守礼的长者。司马迁在《史记·老子韩非列传》中，又引入了老莱子和太史儋两个名字。从此，人们便对老子的身世争论不休。

外行看热闹，内行看门道。作为外行的我，无意班门弄斧，瞎凑热闹。但是，在读过《道德经》之后，因其道理艰深，我对之一知半解，但对于老子其人，我渐渐有了一些模糊的猜想或推断。我认为，老子似乎应该具有以下特质：一是他知识渊博，知古通今，而且旨趣深远，善于思考，否则不可能写出如此伟大的

论著；二是他从过政，做过官，否则不可能有那么深刻的官场体验。但他又不是特别大的官，所以未能在史书里留下自己的名字；三是他特立独行，思想敏锐，见解独到，自视清高，与人与世格格不入，因而仕途不顺，最后只好一走了之。

基于上述推测，我倾向于如下的说法：老子就是老聃，曾任周王朝藏书室的官吏，掌管史书典籍，相当于现在的图书管理员。后因东周王室衰微，弃官西去，途经函谷关，写下了《道德经》这部博大精深的鸿篇巨制。然后隐姓埋名，不知所踪。

无 中 生 有

头脑风暴

什么东西是永恒的？

虽然《道德经》里并没有出现"宇宙"二字，但是其中的某些论述，却与现在我们对宇宙的了解不谋而合，最重要的一点，就是"无中生有"。

在和人们谈论宇宙的时候，常常有人会提出这样的问题："既然大爆炸之前，只有看不见、摸不着的能量，聚集在一个点上，那么现在的星球，包括地球，是从哪里来的？"我的回答是："无中生有。你想一想，连宇宙都是大爆炸形成的，还有什么东西会是永恒的呢？"

"恒星呢？"

"恒星也不是永恒的，同样有生有死。例如太阳，再过大约 50 亿年就会大爆炸，变成一个红巨星。"

"那么，永恒的爱情，永恒的友谊呢？"

"那是人们的精神局面。实际上，没有永恒的事物，只有永恒的道理，就是无中生有。而这个永恒的道理，是我们中国人的老祖先首先指出来的，他就是老子。"

老子在《道德经》第四十章中说："天下之物生于有，有生于无。"而在第四十二章中说："道生一，一生二，二生三，三生万物。"这就是说，宇宙万物是从无中生出来的。这是对"无中生有"这一放之四海而皆准的伟大真理系统、明确的阐述。

但是，两千多年过去了，人们一直在思索，老子所说的"道"，到底是什么含义？争论来争论去，没有一个人能够说得清楚。于是有人调侃说："嘿！其实老子早就说了，能说得清楚的道，就不是永恒的道。所以，说不清楚是天经地义的。"

然而，老子并不是一个虚无主义者，并非故弄玄虚，而是有所指的。从《道德经》的论述中可以看出，"道"实际上就是指控制宇宙万物发生和发展的自然规律。因为这个问题包罗万象，奥妙无穷，广大无边，永无止境，不仅两千多年以前的古人很难用语言说得清楚，就是现在的

科学家，也仍然是在探索之中。例如，无论是宇宙的起源，还是
生命的真谛，都还是说不清，道不明，没有一种确切的解释，所
有的只是一些假说而已。当然，假说并非胡说，总是有一定科学
依据的。

当然，老子那时候，并不知道宇宙大爆炸，也不了解宇宙的演化过程。但是，他对"道"的想象和论述，与今天我们所知道的科学事实，却不谋而合，这绝非偶然，是因为老子具有超常的智慧和超前的洞察力。

现在的人类文明和科学技术，已经有了长足的进步。那么，人类对宇宙万物发生和发展的规律，有了哪些重要的发现和认识呢？

宇宙是如何诞生的？

头脑风暴

宇宙大爆炸是什么时候发生的？

会不会再来一次大爆炸？

人类对宇宙的探索，是一个有始无终的过程，永远也不会结束，除非人类从宇宙中消失。而且，这个过程曲折而艰巨，每解决一个问题，就会引出更多、更加复杂的问题。

当"大爆炸宇宙论"为愈来愈多的事实所证实，正在为越来越多的人所接受时，有人突然提出了一个新的问题：如果宇宙真的是由大爆炸而来的，那么，这次大爆炸是什么时候发生的？将来会不会再来一次大爆炸？

于是，科学家们又开始冥思苦想，探索宇宙诞生的过程到底是怎么一回事。

逆推法：还原宇宙大爆炸

为了探讨宇宙形成的全过程，我们不妨来一次逆推，把正在往外飞奔的所有星系，都反向往里推回去，最终就会到达一个点，宇宙中所有的物质，都集中到了这个点上，这就是宇宙最初的出发点，或者叫作"奇点"。

那么，宇宙中有这么多的物质一下子都集中到了一个点上，又会是个什么样子？科学家给人们推测如下的过程：最初的宇宙，可能是极其微小的。由于极大的压力和极高的温度，宇宙中只有能量，连我们现在所能想象到的最微小的颗粒也没有。但是，那样的状态不可能持久，很快就发生了大爆炸。

在大爆炸发生之后 10^{-43} 秒之前的这段时间里，宇宙的体积大约还不到一个原子那么大，而密度可能超过 10^{94} 克/立方厘米！人们把这个阶段，叫作普朗克时间。在这个过程中，所有我们现在知道的物理定律，无论是牛顿的万有引力定律，还是爱因斯坦的相对论，都失去了意义。

宇宙出生之后，发生了什么？

大爆炸之后，根据热力学定律可知，在一个封闭的系统中，当这个系统的体积发生膨胀时，其内部的温度就会

下降，这是能量守恒的缘故。因此，当爆炸的过程进行到 10^{-36} 秒到 10^{-34} 秒时，由于温度降低，有些微粒开始形成。粒子的形成，又释放出了大量的能量，结果又加剧了宇宙的膨胀，或者叫作跃变。当然，这个时间也是非常短暂的。到这个跃变结束的时候，宇宙的体积已经大约有垒球那么大了。

又过了大约 10^{-12} 秒之后，宇宙的半径增长到了大约 1 米，而温度却冷却到了大约 1 000 亿 K。这时候，夸克和电子出现了，构成原子的成分形成了，但还不可能形成任何形式的原子或分子，因为在如此高温高压的情况下，它们在形成之前就已经爆炸了。因此，那时候的整个宇宙，充满着电子、中微子等。

随着温度继续下降，电子和中微子开始与它们的反粒子，也就是正电子和反中微子相结合，从中释放出了大量的能量，并且产生出光子形式的辐射，使得光子的数量剧增。当宇宙的年龄达到 10^{-6} 秒时，组成质子和中子的夸克开始聚集到一起，到 10^{-5} 秒以后，质子和中子开始形成。与此同时，大多数中子转变成为质子、电子和中微子。大爆炸 1 秒~3 分 46 秒，氢、氦类稳定原子核形成。

大爆炸约 1 年以后，宇宙中充满了向外急剧膨胀的电离氢和电离氦；约 38 万年以后，化学结合作用使中性原子形成，原来的等离子体也互相结合，开始复合成稀薄的气体云。这一过程时间也很短，估计总共只有几千年。这也就是说，在宇宙形成（或大爆炸）以后的几千年里，宇宙里的能量以辐射能占主导地位，那时候只有微粒，而且基本上是均匀的。

这一点已经为两个有力的证据所证实：一是宇宙中残存的微波背景辐射已经探测出来；二是宇宙中含有大量的氦元素，就质量而言，约占 23%。如果没有一个温度极高、密度极大的大爆炸事件，今天宇宙中所存在的大量的氦，是无论如何也无法解释的。由此可见，在宇宙形成之后的几千年里，只有极其微小的粒子。

宇宙继续膨胀，温度继续下降，气体云的浓度也愈来愈大了。由于引力的作用，气体云开始旋转收缩，聚集在一起形成星球，恒星、星团及星系开始出现了；约 90 亿年后形成了太阳系；约 100 亿年后，地球上出现了生命；138 亿年以后，地球上出现了高等生物。就这样，多元的宇宙终于诞生了。

这就是由"大爆炸宇宙论"所推断出来的宇宙诞生的过程。

宇宙的维系：质量与引力

作为人类历史上最伟大的科学家之一，爱因斯坦倾其毕生的精力，探讨和研究宇宙的奥秘。但是，他对宇宙了解得愈多，愈加觉得不可思议，不仅发现谜团愈来愈多，问题层出不穷，而且深为宇宙的美妙与和谐而折服。

使爱因斯坦最感困惑的问题之一，就是如此茫茫无际的宇宙，到底是如何维系在一起而且运转得井井有条的？

作为虔诚的犹太教徒，爱因斯坦笃信上帝。然而，作为一个科学家，爱因斯坦也明白，维系宇宙运转的并非上帝的意志，而是万有引力。牛顿的万有引力定律告诉我们：任何两个物体之间，都有引力存在，其大小与两个物体的质量乘积成正比，而与它们之间的距离的平方成反比。也就是说，物体的质量愈大，引力也就愈大，距离愈远，引力也就愈小。由此可见，对于宇宙的存在来说，质量是至关重要的，没有了质量，也就没有了引力。

谁在精确地调试宇宙的实际密度？

但是，宇宙中到底有多少质量是难以估计的，而且，宇宙质量的绝对值，并没有什么实际意义，关键还在于质量的分布，也就是密度。科学家们利用计算机模拟计算的结果表明，宇宙的密度如果太大，就会因为过大的引力而使宇宙在形成恒星、星团和星系之前过早地收缩回去；如果密度太小，由于引力太小，就不足以将游离的物质（气体云）凝聚到一起而形成恒星、星团和星系。因此，宇宙的密度必然有个最佳值，或者叫作临界值，才能产生出现在这样的宇宙来。

为了计算的方便，天文物理学家把宇宙的实际密度与临界密度的比值，用希腊字母 Ω（欧米伽）来表示。Ω 的值小于 1，宇宙就是开放的，将永无休止地膨胀下去；Ω 的值大于 1，宇宙就是闭合的，总有一天要收缩回去；而如果 Ω 的值正好等于 1，则是临界的。

反复计算的结果，再一次使科学家们大为惊异。他们发现，除非 Ω 的值等于 1 或者非常接近于 1，否则，我们的宇宙就不可能像现在这样存在下去。

也就是说，我们的宇宙现有的实际密度，正好无限地接近于临界值！这正如宇宙大爆炸时所产生的极其精确的初始速度一样，看上去似乎真像是存在某种不可思议的力量，在宇宙形成的过程中，对其密度进行了极其精确的计算与调试！

科 学 笔 记

而且，进一步计算还证明，宇宙的实际密度要达到现在这种恰到好处的精确程度，只有不到百分之一的可能性，或者叫概率！

引力在干什么？

有了质量的恰当分布，也就有了维系宇宙恰当的引力。那么，引力在宇宙中又发挥着怎样的作用呢？实际上，引力在宇观、宏观和微观三个层次上，都发挥着独一无二的作用。

首先，对于整个宇宙来说，正是由于引力的存在，制约着膨胀的速度，才能维系现在这种状态；其次，就宏观而言，正是因为存在着引力，才能使局部密度较大的物质凝聚起来，且愈滚愈大，终于形成了恒星、星团和星系。而且，也正是由于引力的存在，才使聚集起来的质量愈来愈大，从而形成了高温高压，导致了热核反应，结果产生了恒星。

同样，也正是因为有了引力，太阳系的八大行星，才能以如此和谐而美妙的轨道布局，围绕太阳运转下去。而且，也正是因为有了引力，才有了地球，有了生命，有了人类，我们才能在地球上生存下去，否则，我们早就飞到九霄云外去了。

最后，原子之所以能够存在，元素之所以能够生成，都是由于引力，只不过，那已经不是万有引力了，而要用量子力学去解释。

引力是无时不有，无处不在的，正是因为有了它，宇宙才得以维系下去。

宇宙的玄机：物质和反物质

从某种意义上说，宇宙就像是一个巨大的反应炉，每时每刻都在进行能量和质量的相互转换。例如，太阳将其巨大的能量，以光的形式照射到地球，通过光合作用转换成碳水化合物，生成了植物，喂养了动物，我们人类才得以生存下去。

可是，科学家们却告诉我们：任何时候，当能量转化成质量时，必定产生具有同等量的物质和反物质。这个稀奇古怪的、听起来甚至有点荒诞可笑的说法，首先是由英国量子物理学家保罗·狄拉克提出来的。当时，科学界对此大不以为然，认为他可能是科幻小说看多了，所以中了毒。狄拉克不理会别人的嘲笑，继续进行量子力学的研究和计算。

最后，他断言说，每个原子、粒子都必定有其对立面，

90

例如质子必定有反质子，电子必定有反电子等。那么，正反粒子之间又有什么差别呢？据狄拉克解释，作为变体，质子和反质子、电子和反电子，除了电荷正好相反之外，其质量和行为等，都是完全一样的。人们还是不大相信，有人甚至讥笑说："那么，宇宙有没有反宇宙？人类有没有反人类呢？"

科学就是在冷嘲热讽、排挤打击中成长起来的。没过多久，这个看上去完全是奇谈怪论的假说，却得到了科学实验的证实。1932 年，科学家在实验室里，首先检测到了一个质量与电子完全相同，但却带有一个正电荷的粒子，这就是反电子。到了 20 世纪 50 年代，科学家利用粒子加速器，居然生成了反物质。就这样，狄拉克顶住了巨大的压力，后来还因此得了诺贝尔奖。

幸运的一百亿分之一

现在，人们对于反物质的存在，已经没有什么异议了。但是，与此同时，却又遇到了另外一个难以解释的问题。因为，物质与反物质，一旦相互接触，立刻就会互相抵消而完全转化成为能量，这正如在云层中的正负电荷，互相接触后立刻就会转化成闪电和雷鸣一样，电荷本身则不复存在。于是，人们自然就会想到这样一个问题：如果在大

爆炸之后，所产生的物质和反物质是完全相同的，就会相互抵消，那么宇宙中就只会有能量，而不会有任何物质存在了，我们的宇宙，就会完全是另外一个样子。

为了解释这个问题，科学家们虽然大费周折，绞尽了脑汁，但却仍然毫无进展，未能找出任何科学依据。最后，大家只好自圆其说：看来，在大爆炸的初期，所形成的物质可能稍微多于反物质，尽管这是违反自然法则的，但却是唯一可能的解释。

那么，物质比反物质，到底多多少呢？根据反复计算的结果，估计约为一百亿分之一！也就是说，在大爆炸的那一瞬间，不知是什么力量或者什么原因，使物质比反物质多出了一百亿分之一。正是有了这一百亿分之一的多余物质残留下来，才有了今天宇宙中的这些物质，也才有了我们这些生活在地球上的人类。因此，当科学家们得出这样的计算结果时，一个个都目瞪口呆，倒吸了一口凉气，"看来我们真是一群幸运儿！"

宇宙会不会有反宇宙？

反物质的存在，自然又引出了一些很有意思的话题。例如，有人认为，既然每一个粒子都有它的反粒子，那么宇宙会不会也有一个反宇宙呢？于是有人设想，在我们的宇宙之外，可能还有一个反宇宙。但是，因为宇宙实在是太大了，我们根本看不到它的边界，所以，它"以外"即使存在一个反宇宙，至少在可以预见的将来，还没有办法去证实。

还有人认为，每个星球乃至每一个星团和星系，都有一个反星球、反星团、反星系与之相对应。于是有人便问：黑洞是不是星球、星团或者星系的相反物呢？更加有意思的是，有人自然会问，有没有"反人"存在呢？如果每个人身边，都跟着一个"反人"，看不见摸不着，但行为举止却和自己一样，而且，如果一不小心，"正人"和"反人"碰在了一起，立刻就会互相抵消，化为乌有，岂不令人提心吊胆、毛骨悚然？

有神论者立刻接过了话题，理直气壮地回答说："当然有啊！那就是每个人的灵魂，看不见摸不着，正好符合这个条件。"

无神论者马上反驳说："不对啊！按照你们的说法，人死了以后灵魂照样存在，这就不符合'反人'的条件。而且，如果灵魂可以离开人而存在，那么有没有'反灵魂'呢？"

有神论者一时无言以对了。

宇宙的奥秘：暗物质

头脑风暴

宇宙中 80% 以上的物质都是看不到的？

尽管人类想尽办法，费尽心机，又是光学望远镜，又是射电望远镜，并把望远镜做得愈来愈大，架设得愈来愈高，甚至搬到了太空，睁大了眼睛，伸长了脖子，总想窥探到宇宙更多的秘密，但是，迄今为止，我们所知道的东西，还是非常有限的。

就拿质量来说吧，现在我们所能看到的物质的质量，与宇宙实际的质量相比，是极其微小的，事实证明，**宇宙中 80% 以上的物质，是不可能用望远镜观察到的，这就是暗物质**。俗话说，眼见为实，那么，人们怎么会知道，这些暗物质是客观存在的呢？

如何去寻找暗物质？

我们知道，物体运动的轨迹，包括光线所走的路径，都受到引力的制约，或者说是由引力决定的。由爱因斯坦相对论可知，当光线经过一个质量巨大的物体近旁时，由于其强大的吸引力而会发生弯曲，其效果类似于透镜对光线的折射作用。如果在观测者到光源的直线上有一个大质量的天体，则观测者会看到由于光线弯曲而形成的一个或多个像，这种现象称为引力透镜现象。

1979 年，英国天文学家在观测类星体时，发现两个相距很近且特性几乎相同的亮点，于是他们猜测，这两个亮点可能是同一个类星体产生的两个像。这时，人们想到了爱因斯坦后来发表的对"引力透镜效应"的预测。这次观测就是人类发现的第一个"引力透镜"现象。

质量愈大，引力就愈大，光线弯曲得就愈厉害。离我们很远的类星体，我们所观测到的形象与它们实际的样子，差别就会很大，因为光线在长途行进的过程中，已经被扭曲得不成样子了。

然而，有其弊必有其利。一方面，由于引力的存在而扭曲了物体的形象；但是另一方面，我们也可以顺藤摸瓜，根据物体运动的轨迹和光线穿越的路径，推断出看不见的物体的质量，正如我们利用磁针的转动，可以探测出磁场的存在一样。

因此，我们可以利用引力透镜效应来计算透镜天体的质量（包括暗物质的质量），以及探测遥远的天体。

暗物质存在的证据

实际上，早在 20 世纪 30 年代初期，荷兰的天文学家简·奥尔特在研究恒星穿越银河系的动力学时，就惊奇地发现，产生影响恒星运动的引力的质量，至少应是所有可能看到的物质质量总和的几倍。差不多与此同时，另一位科学家在研究星系中星团的运动情况时发现，仅靠星系团中可见星系的质量产生的引力是无法将其束缚在星系团内的，因此星系团中应该存在大量的暗物质，其质量为可见星系的至少百倍以上。由此，他推测说，看来宇宙中有许多物质是根本看不到的。

到了 20 世纪 70 年代，暗物质的存在又有了新的更加确切的证据。我们知道，在太阳系，因为大部分质量都集中在核心区的太阳身上，所以环绕太阳运转的行星，其轨道和运行速度与行星离太阳的距离之间的关系，是完全符合开普勒定律的，离太阳愈远，运动速度也就愈慢，例如冥王星绕太阳旋转的速度，就要比水星慢得多。然而，当科学家们对银河系、仙女星系等一些旋涡星系进行观测和研究时却发现，其行星环绕中心运行的速度，并不随这个行星到中心的距离而变化，而是保持不变。这意味着星系中可能有大量的不可见物质并不仅仅分布在星系核心区，且其质量远大于发光星体的质量总和。

后来，随着天文观察和研究的深入，人类所能观测到的空间愈来愈大，天体也愈来愈多。然而，即便如此，天文学家们把所有能看得见的物质的质量加在一起，也不到宇宙所必需的临界密度所需质量的 5‰，那么，其他看不见的物质是些什么东西？

暗物质可能是什么?

暗物质是由天文观测推断存在于宇宙中的不发光物质。近几十年来,科学家们对暗物质穷追不舍,表现出极大的兴趣。人们纷纷推测,这些暗物质是由不发光天体、晕物质以及非重子中性粒子组成的。

虽然人们已经对暗物质做了许多天文观测,但至今仍没有弄清楚其成分。早期暗物质的理论侧重在一些隐藏起来的常规物质星体,例如,黑洞、中子星、衰老的白矮星等。这些星体一般归类为大质量致密天体。20世纪90年代,在美国天文学会上,科学家们报告,银河系的大部分含有看不见的大块致密物质,并且提出了有力的证据。他们根据对引力透镜效应的观测和分析,发现了几个看不见的大质量的天体,其质量介于十分之一个太阳到一个太阳之间。由于这些看不见的天体小而且暗,所以科学家们推测,它们中的绝大多数,可能都是白矮星,因为它们内部的核燃料大部分都被用尽了,所以只能发出极其微弱的光,很难探测得到。

随着研究的深入,很多科学家认为,难以探测的重子物质确实发挥了部分的暗物质效应,但这类物质只占了其中一小部分,其他的暗物质可能由各种各样的基本粒子所构成。

现在,科学家们正在冥思苦想,竭尽全力对这些推断中的基本粒子进行艰苦的探索和研究,以便能揭开更多宇宙运转的奥秘。

宇宙能活多大年纪？

头脑风暴
什么是哈勃常数？

长期以来，人们一直认为，宇宙是稳固的、不变的、永恒的，所以在心理上，也在追求着永恒的东西，如永恒的爱情、永恒的友谊、永恒的信念、永恒的真理。但是，宇宙大爆炸，彻底粉碎了"永恒"的根基，连宇宙都是大爆炸形成的，还会有什么永恒的东西呢？人们在困惑之余，又提出了一堆新的问题：宇宙既然有生，会不会有死呢？如果宇宙真是由大爆炸形成的，这次大爆炸又是在什么时候发生的呢？这也就是说，科学家们必须回答宇宙的年龄问题。

我们如何才能知道宇宙的年龄？

要推算宇宙的年龄，首先必须确定哈勃常数。哈勃定律告诉我们，离我们愈远的星系，飞离我们的速度也就愈快，而且是线性关系，也就是说，速度与距离成正比。而速度和距离之比，就是哈勃常数。但是，要精确地确定出哈勃常数，并不是一件容易的事。

由于各种条件的限制，科学家们在确定哈勃常数方面，还没有形成一致的意见，所得到的数值也还有差异。到目前为止，大多数科学家所认定的宇宙年龄是在100亿~200亿年。现在，由美国发射到太空的哈勃望远镜，正在对茫茫宇宙进行着更加精确的观测。科学家们希望通过它所得到的数据，解决目前关于哈勃常数的争端，以便在最近的将来，能够确定出比较确切的宇宙年龄来。

宇宙也会衰老吗？

接着人们自然会问，宇宙既然有生有长，它会不会衰老呢？当然会的。按照大爆炸宇宙论，宇宙从形成、演化到现在，已经经历了三个不同的阶段。第一个阶段，宇宙的所有物质都集中在一个无穷小的点上。由于极度的高温高压，这一阶段不可能持续太久，估计不会超过1分钟，它就向四面八方急速地膨胀开来，这就是所谓的大爆炸。因为急速的膨胀，温度急剧下降，宇宙开始进入第二阶段，中子开始失去自由存在的条件，要么衰变，要么与质子结合，生成重氢、氦等元素。另外还有一些光子、电子、质

子和较轻的原子核构成的等离子体。随着温度继续下降，等离子体开始相互结合，复合成稀薄的气体。这一过程时间也很短，估计总共只有几千年。当温度再下降，由等离子体复合而成的气状物质，开始逐渐凝聚起来，形成了一些云状物，叫作气体云。当温度继续下降，恒星、星团和星系开始形成，宇宙进入了第三阶段，就是我们今天看到的样子。

那么，宇宙还会发展变化吗？将来会是什么样子？关于宇宙的未来，可能有三种情况，那就是"开宇宙""闭宇宙"和"临界宇宙"。

为了说明这个问题，不妨先从牧师抛钱的故事说起，如果牧师抛钱的速度大于第三宇宙速度，钱就会飞离太阳系，如果小于第一宇宙速度，钱就会落到地面上。宇宙也是一样，当初大爆炸的时候，物质从奇点往外飞散开去，都有一个初始速度。如果这个初始速度足以克服宇宙的引力，那么，所有的物质就会永远向外飞散而去，宇宙将永无休止地膨胀下去，这就叫作"开宇宙"。

如果初始速度不足以克服宇宙的引力，那么，宇宙在膨胀了一阵之后，转而又会收缩，正如物体从地球上抛出去，在空中飞了一阵之后，又回到了地球上一样。在这种情况下，所有的物质会一直收缩，直到收缩到与开始膨胀时的状态一样，即尺度无限地接近于零，这就叫作"闭宇宙"。

在这二者之间，有一个临界速度。这一速度，刚好可以克服宇宙的引力，使宇宙永远地膨胀下去，但又不至于膨胀得太快，这时就叫作"临界宇宙"。实际上，所谓的临界宇宙，只不过是开宇宙的一个特例而已。天文学家根据研究的结果认为，现在的宇宙，非常接近于临界状态。

实际上，上述的计算，只不过是科学家们提出的一种模式而已，宇宙是否就是如此，还有许多未知数。例如，根据爱因斯坦的广义相对论，宇宙将来是继续往外膨胀，还是最终倒转过来往回收缩，还取决于宇宙中的总质量，取决于宇宙的密度。

随着体积的膨胀，密度会越来越小，当超出某一个临界值时，则会发生与大爆炸正好相反的过程，所有物质开始往后收缩，再来一次"大挤压"，最终集中到一个点上，恢复到大爆炸之前的状态。但是，这样的状态极不稳定，很快就又会来一次大爆炸，产生出一个新的宇宙。如此循环往复，以至无穷，这叫作"振荡宇宙"。如果是这样的话，我们现在所处的宇宙，只不过是振荡宇宙的一个中间过程而已。

那么，宇宙到底有多大年纪？由于还有许多不确定的因素，科学家们只能根据理论假设和实际观测的综合结果，给出一个大体范围。根据天文模型的计算和同位素测定以及对星系演化观测

的结果，大致可以确定，我们现在的宇宙已经活了 100 亿 ~ 200 亿年了。

宇宙还能活多久？科学家不是算命先生，不可能预告宇宙的寿命。但是，有一点似乎是可以肯定的，无论是开宇宙还是闭宇宙，将来都是要死的。将来总有一天，随着宇宙不断的膨胀，愈来愈多的恒星将耗尽它们的核燃料，变成白矮星、中子星或者黑洞。中子星和黑洞都不发光，白矮星虽然还有点光亮，但最终也要燃烧净尽，变成一个死寂的黑矮星。到那个时候，所有的恒星都消失了，所有的黑洞也都散发尽了它们的能量，太空中再也没有什么能量可以利用了，所有的物理过程和化学过程将完全终止，宇宙也便寿终正寝，正如佛教的"圆寂"一样，科学家们把宇宙的死亡叫作"热寂"。

读到这里，人们也许会害怕起来，为自己的前途而惊呼："宇宙都要'热寂'了，我们还能生存下去吗？"实际上，我们也不必"杞人忧宇"，过于紧张。科学家虽然还不知道宇宙的确切寿命，但要"热寂"至少也是几十亿年甚至几百亿年以后的事。

至于宇宙的命运，如果从哲学上来考虑，似乎振荡的宇宙更合乎逻辑，这样就把宇宙万物，从生命到物质、从微粒到星系，完全统一起来了，即万物都有生有死，循环无穷。

最后，必须指出的是，在温度极高、压力极大的情况下，爱因斯坦的理论并不适用。所以，到目前为止，宇宙最初的状态，到底是什么样子，实际上还没有一个明确的答案。

从"牛奶路"到银河系

小时候数天上的星星，几乎是每个人都会有的经历，而觉得最神秘莫测的，莫过于那两条白色的带子，大人说是天河。

按照中国的传说，王母娘娘把织女抓走以后，牛郎挑着两个孩子在后面拼命追赶，眼看着愈来愈近，王母娘娘急中生智，拔下头上的簪子，在身后一划，便出现了一条天河，把牛郎和织女永远地分开了。但是在西方却有不同的解释，说那是从天母乳房里流出来的两道乳汁，所以叫作"Milky Way"。20世纪30年代，有人曾经把"Milky Way"直译成"牛奶路"，被鲁迅先生嘲笑过一阵子。当然，这些都只是神话传说。实际上，那两条白色的带子，是由无数星系和星云组成的，即所谓的银河系。

什么是星系？

宇宙中到底有多少个星球，谁也说不清楚。但是，有一点可以肯定，宇宙中的星球并不是均匀分布的，而是抱成了团，这就是星团。星团的规模差别很大，小的星团只有十几或者几十颗恒星，而大星团则包含几万甚至几十万颗恒星。星团里恒星互相吸引，而且很可能有着共同的起源。

星系是通常由几亿至上万亿颗恒星以及星际物质构成的天体系统。大部分的星系都有数量庞大的多星系统、星团以及各种不同的星云。大星系中还有小星系，构成了错综复杂的星系群，银河系就是个极好的例子。多数的星系会聚集成为星系群、星系团，而星系群又会聚集成更大的超星系团。

宇宙中有无数个星系，只有银河系得天独厚，这是因为它包含太阳和地球。近水楼台先得月。银河系是人类观察得最多、研究得最细，相对而言了解得也最为清楚的星系。

太阳在银河系的中心吗？

古代的人类为星空中的银河所震慑，曾经认为，那就是整个宇宙，太阳就在这个宇宙的中心。后来证明那是大错而特错了，真是"只见树木，不见森林"。伽利略制作出了望远镜之后，首先拿它来观察银河。结果他发现，银河原来是由无数恒星组成的。20 世纪初，科学家把以银河为表观现象的恒星系统称为银河系。20 世纪 20 年代，人类又发现了银河系的自转，并测定出太阳并不在银河系的中心位置。

经过历代天文学家们的持续努力，现在我们所知道的是，银河系是一个巨型旋涡状星系，包含 1 000 亿~4 000 亿颗恒星，整体做较差自转，太阳绕银河系的中心运转一周约需 2.5 亿年。银河系的年龄，约为 100 亿年。银河系的总质量约为太阳质量的 1.5 万亿倍，其中 90% 都集中在恒星里，其他 10% 则是气体和尘埃组成的星际物质。银盘是银河系的主要组成部分，是由恒星、尘埃和气体组成的扁平盘。银盘的中心，有一个隆起的球状部分，称为核球。银盘外围有一个密度相对较低的范围，呈椭球状，叫作银晕。在银晕的外面，还存在一个巨大的呈椭球体的射电辐射区，叫作银冕。

我们所能看到的，由气体、尘埃和星球组成的白色光带，正好集中在这个椭球体的中心（赤道）平面上。非常奇怪的是，银河系中这些尘埃的密度非常大，从地球上，我们很难观测到椭球体的中心部分。而且，银河系的中心部位发射出很强的射电，还有红外线、X 射线和 γ 射线，到底是什么原因，或者有什么东西，到现在我们还没有完全搞清楚。有些科学家认为，银河系的中心有一个巨大的黑洞。

　　这就是我们所看到的天河。

恒星是永恒的吗？

茫茫宇宙中，运行着大大小小的恒星、星团和星系，充满了形态各异的物质。但是，除了那些飘忽不定的、能够发出变换着的光芒，却因为距离遥远而黯然的类星体之外，真正熠熠生辉而光彩夺目的，只有那些耀眼的恒星，当然也包括距离我们最近的太阳。

恒星喷发出巨大的光和热，使整个宇宙充满了活力与能量，因此人们才能看到深邃闪烁的星空，引起无穷的遐思。如果没有恒星，那宇宙将变得漆黑一团，完全是另外一种模样。那么，恒星又是怎样形成的呢？

实际上，所谓的"恒星"，并不是永恒的。它们和宇宙一样，也有一个生与死的过程，这个过程大体可以分为四个阶段：

第一阶段，由气体和尘埃组成的旋转的星云，由于引力而坍缩，致使其密度和压力愈来愈大，温度愈来愈高。这时，往外膨胀的压力与往里收缩的引力大体相当，处于一种动平衡的状态，这就是有的恒星从孕育到幼年的时期。

第二阶段，当有的恒星中心温度上升到足够高的温度时，就会发生以氢作为燃料的核聚变，从而放出巨大的能量，成为恒星的辐射能源。这时候，引力与往外膨胀的压力处于平衡状态，恒星便进入了中年期，或者叫作主序星阶段。在这期间，也许还会有几个早已冷却了的行星，围绕着它旋转。但是，氢的含量总是有限的，所以会愈烧愈少。

第三阶段，当小质量恒星中热核反应的燃料氢逐渐转化为氦时，氢聚变就不能维持下去了。恒星的结构就会发生显著变化。此时，一颗恒星就度过漫长的主序星阶段来到它的老年。核心产生的能量使得恒星的外层不断地膨胀，体积变大，温度降低，这时恒星发出红色的光，体积巨大无比，被称为红巨星。这时的恒星，便进入了老年期。因为其这时候的表面积比原来大得多，所以总的辐射能量也增大了，但持续的时间要比中年期短得多。

第四阶段，当红巨星中的氦耗尽时，剩下碳和氧，这

时恒星的中心部分就会再次往里收缩，而恒星壳层却继续膨胀，最后挣脱了引力而破碎，成为行星状星云。核心继续收缩，最终变成了密度很大、光度很低的白矮星。

当白矮星内部的能量逐渐耗尽后，由于没有能量来源，最终黯淡下去，相当于人类进入了弥留之际，已经奄奄一息。再经过一段消耗之后，就一点光也不能发，完全冷却，成为黑矮星，这就是恒星的尸骨或残骸。中小质量恒星光辉的一生，到此也就寿终正寝了。

而大质量恒星将会在超新星爆炸中结束自己的一生。

由此可见，从宇宙到星球、从生物到人类，任何东西都不可能是永恒的，总有一天要退出历史舞台，这是不可抗拒的自然规律。

地球的故事

对茫茫宇宙来说，地球只是沧海一粟。但对人类来说，地球却是衣食父母、生存家园。

如今，科学技术的进步已经让人类进入了太空。人们从太空回望地球时发现，我们所居住的星球原来是很小的，而且不可能再增大了。一个无论是面积还是资源都很有限的星球，怎么能容得下数量和欲望都在无限膨胀的人类呢？

于是，宇宙探索者们便赋予自己一项神圣的使命：寻找一个适合人类生存的星球。

但在浩瀚的宇宙中，要想找到一个像地球这样的星球，就如同大海捞针，几乎是不可能的。

人们这才认识到地球的可贵，至少在可以预见的将来，地球是人类赖以生存的唯一家园。

多元的**宇宙**

先从太阳家族说起

头脑风暴

太阳系是怎么形成的？

冥王星为什么被开除行星之列？

人们观察和认识世界，总是从自己身边的事物开始，因此很容易形成以自我为中心的潜意识，以为宇宙万物都是围着自己转的。例如，我们的祖先认为中国是大地的中心，自称"中央之国"。西方人曾经认为，地球是宇宙的中心，太阳是宇宙的中心，银河系是宇宙的中心，太阳是银河系的中心，现在看来都是错的。由此可见，"以自我为中心"的观念深入人心，根深蒂固，古今中外概莫能外。

太阳系在银河系的中心吗？

那么，太阳系处在银河系的什么部位？天文学家告诉我们说，太阳系的确是在银河系的中心平面上，但并不在银河系的中心，而是位于银河系的边缘，银河系的一条旋臂上，也就是说，太阳系离银河系中心的距离，是到银河系边沿距离的两倍。

首先应该说明的是，我们这里所说的太阳系，并不是与银河系平起平坐，而是小了一辈，只不过是银河系中数千亿个恒星系之一。但是，太阳系也并非平庸之辈，而是有其独特之处，因为它有一个地球，地球上又有生命，生命中还有人类。从这一点来说，与其他大大小小的星系相比，太阳系即使不算独一无二，至少也是出类拔萃的。

另外，太阳系也是唯一能够直接观察到的，有一群行星环绕着的恒星系。虽然人们也常常猜测，银河系中其他恒星可能也有行星相伴，但是迄今为止，还提不出有力的证据。

探秘内组行星

以前，人们认为太阳系中有九大行星，像九姐妹似的，围绕着太阳旋转，从里到外依次是水星、金星、地球、火星、木星、土星、天王星、海王星和冥王星。另外，

已经观察到的彗星有 1 700 多颗，还有成千上万的小行星、流星体和尘埃运行其中，构成了一个庞大的家族。

　　这九个行星的排列和运转，既整齐又和谐，有着如下共同的特点：一是它们绕太阳公转的轨道，都是偏心率不大的椭圆（近圆性）；二是它们的轨道，基本上都在一个平面上（共面性）；三是它们都以相同的方向绕太阳旋转（同向性）。更加奇怪的是，无论从它们到太阳的距离，还是从其物理性质上，这九个行星都明显分为内外两组。内组包括水星、金星、地球和火星。水星、金星、火星不仅是大小，而且其密度和其他特点，也都与地球大体相似，所以被称为内组行星。其他行星则为外组行星。由于木星和土星特别巨大，所以又称为巨行星。而天王星、海王星和冥王星距离太阳特别遥远，所以又称为远日行星。

　　水星是离太阳最近的星球，其质量差不多是地球的 1/20。其表面环形山很多，凹凸不平，没有大气层。由于离太阳很近，辐射特别强烈，又没有空气，所以水星上不可能有任何生命。有趣的是，它公转与自转一周所需要的时间差不多，所以与太阳保持一种共振的关系，即它先把一面对着太阳，然后，当转到离太阳最近的时候，正好是另一面对着太阳，就这样年复一年，周而复始。

在人们的心目中，金星更是蒙着一层神秘的面纱。因为它的四周总是为一层厚厚的云雾所笼罩着，从地球上无论如何也看不到它的表面到底是什么样子。也许正因为看不清它的真面貌，所以人们便把它想象成一个极美的美女。在英文里，金星（Venus，维纳斯）与爱和美的女神是同一个词。

金星无论大小还是质量都与地球差不多，外面有一层大气，含有大量的二氧化碳。据估计，其碳的总含量相当于地球上所有碳酸盐类岩石的含碳量。因此，其大气的重量要比地球的大气大得多，其表面的大气压力约为地球的 90 倍。这也就是说，如果我们站在金星的表面，大体就相当于我们在地球上潜入 1 000 多米深的水下。而且，金星上的气温也要比地球高得多，我们现在所知的任何生物在金星上都是无法生存的。金星虽然公转得比较快（这是因为金星离太阳近），但其自转却相当慢，是这几个行星中自转最慢的。不仅如此，更加奇怪的是，它自转的方向与其他行星自转的方向正好相反，反其道而行之。由此看来，这个爱和美的女神真还有点反叛精神，并不安于循规蹈矩。

金星之外，则是地球了。地球是内组行星中最大的星球，表面 71% 为海洋，29% 为陆地，在太空上看地球总体上呈蓝

色。地球有一个相当大的卫星，那就是月亮。

内组行星的最外一个星球就是火星，其质量差不多只有地球的 10%。火星大气稀薄，主要是二氧化碳，大气的密度还不到地球大气的 1%。仔细看去，其表面可分为两个不同的半球：一个半球比较古老，凹凸不平，充满了大大小小的环形山和陨石坑；而另一个半球则比较新，地面也要平坦得多。长期以来，人们一直猜测，火星上可能会有某种形式的生物。于是，火星人的形象，便频频出现在电影和电视里。

探秘外组行星

与内组行星相比，外组行星无论是体积、形态，还是物质组成，都有很大的不同。

木星是太阳系中最大的行星，其质量和半径分别是地球的 318 倍和 11.2 倍，而且卫星很多，截至 2019 年已知有 79 颗卫星，并且还有可能存在更多的卫星。木星主要由氢气和氦气组成。大气层也非常厚，而且大气对流剧烈，不仅频繁地出现闪电和雷暴现象，在南半球还出现了奇特的大红斑。卫星探测表明，木星是一颗气态巨行星，大气层下面是液态氢，再下面是液态金属氢。

土星的质量仅次于木星，是太阳系第二大行星。其平均密度比水还小。土星也是气态巨行星。最令人注意的是它那奇特的光环，是由无数小颗粒构成，看起来非常漂亮而神奇。土星拥有许多卫星，到2019年已经确认的卫星有82颗。土星也有厚厚的大气层，天文学家还观察到白云风暴，也叫大白斑。

至于天王星和海王星，由于距离遥远，人类对它们的了解非常有限。

天王星主要是由岩石与各种成分不同的水冰物质所组成，其主要组成元素为氢、氦。根据1986年"旅行者2号"探测器的探测结果，科学家推测天王星的大气层下面，是深达8 000千米的液体物质，温度高于3 000K。

1989年，"旅行者2号"飞掠海王星，探测结果发现，海王星的大气活动相当剧烈，还有大黑斑，类似木星大红斑及土星大白斑的气旋。除了以前知道的2颗卫星，"旅行者2号"又发现了6颗卫星。2003年，天文学家在位于智利和夏威夷的两个天文台又发现了3颗卫星。

冥王星距离太阳远，质量也小，人类发现得最晚，因而也是

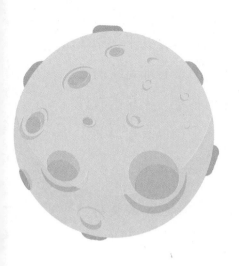

人类了解得最少的行星。1978 年人们发现了它的卫星冥卫一之后，冥王星的质量首次得以测量，大约是地球质量的 0.2%。20 世纪 90 年代以来，科学家陆续发现了一些质量与冥王星相似的天体。

冥王星为什么被开除?

进入 21 世纪以后，天文学家们对九大行星提出了异议，觉得冥王星不应该和其他八大行星平起平坐，因为它体积太小，质量只有月亮的六分之一，所以不够资格。

早在 1999 年，在有些人的提议下，国际天文学联合会进行了一次电子邮件投票，想把冥王星从九大行星中剔除出去。不过还好，就差一点没有通过，因为多数人念旧情，觉得这么多年了，九大行星就像太阳的九个儿子，已经得到了公众的认可，不能因为冥王星太小，就把它开除。就这样，冥王星总算是躲过了一劫，没有失去行星的名分。

但是，那些提议者并不死心，伺机而动。到了 2006 年，在捷克首都布拉格召开的一次国际天文学联合会大会上，有人就太阳系行星的标准提出了一个草案。这个草案规定：作为太阳系的行星，必须具备以下三个条件：第一，必须是围绕太阳公转的天体，这是当然的；第二，要有足够大的质量，能依靠自身引力，使天体呈圆球状；第三，其轨道附近应该没有其他物体。

多元的**宇宙**

在 8 月 24 日的闭幕大会上，2 500 位来自不同国家的天文学代表，投票通过了这个新的行星定义。根据新的行星定义，太阳系的行星，只有水星、金星、地球、火星、木星、土星，加上天王星、海王星这八颗行星符合条件。

冥王星与其他八大行星大不相同，相差太远：一是体积太小；二是其他八大行星的轨道，几乎都在同一个平面上，而冥王星的轨道平面却与其他八大行星的轨道平面有一个 17° 的夹角；三是轨道拉得太长，冥王星椭圆的长轴，比其他八大行星都要长得多。由于轨道太长，轨道附近就有许多其他物体。因为不符合定义三的要求，冥王星被踢了出去，划入"矮行星"的行列。

什么是"矮行星"呢？矮行星与行星前两点定义完全相同：具有足够大的质量，呈圆球形。不同的是，矮行星轨道附近，存在其他物体，而且不是卫星。那些围绕太阳运转，但不符合上述行星条件的物体，被统称为"太阳系小天体"，主要包括小行星、彗星流星体和其他星际物质。

尽管科学家们关于冥王星是否应该被踢出九大行星之列这一问题仍有分歧，但是行星新定义的产生仍然是一个"历史性"事件。当时的国际天文学联合会主席埃克斯表示，对于行星的研究和讨论，将来还会继续，但这一新定义的产生，是天文学研究的一个里程碑。

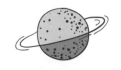

就这样，太阳失去了一个儿子。

太阳系是如何形成的？

如果我们飞到遥远的太空，再回过头来俯瞰太阳系，就会发现，太阳家族是如此和谐而美丽，卫星围绕着行星，行星围绕着太阳，在各自的轨道上运转着，各得其所，井然有序，既不会相互碰撞，也不会扬长而去，仿佛有一种奇妙的力量，把它们紧紧地联系在一起。于是人们不禁会问，太阳系是如何形成的？

关于太阳系的起源，有各种各样不同的假说，但是归纳起来，主要有星云说和灾变说。

现代星云说认为，太阳系原始星云是巨大的星际云瓦解的一个分子云，一开始就在自传，并在自身引力作用下收缩，中心部分形成太阳，外部演化成星云盘，星云盘以后形成行星。现代星云说还存在不同学派，还存在一些差别，有待进一步研究。

灾变说认为，太阳系是宇宙间某种偶发事件引起的剧变而形成的。有人认为太阳在演化的过程中，可能有其他恒星靠近，以

其强大的吸引力，致使太阳的物质飞散出去，或者受到其他恒星的猛烈碰撞，致使有些物质抛洒了出去，环绕着太阳运转起来，于是形成了这几个行星。

星云说曾经风靡一时。19世纪70年代至20世纪四五十年代，出现了20多种灾变说。20世纪40年代以后出现的星云说被称为"现代星云说"，这种假说不仅与"大爆炸宇宙论"

比较吻合，而且还能比较好地解释八大行星的近圆性、共面性和同向性。

当然，假说毕竟是假说，太阳系到底是如何形成的，至今仍然有争论。

地球：宇宙的宠儿

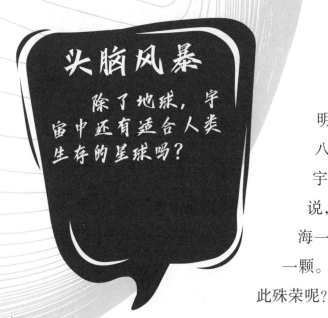

与冥王星的命运形成鲜明对照的是，地球在剩下的八大行星中独树一帜，成了宇宙的宠儿。对茫茫宇宙来说，地球只是万牛一毛，沧海一粟，不过是无数星球中的一颗。那么，地球为什么会有如此殊荣呢？

它的独特和幸运之处，就在于其孕育出了无数的生命，特别是具有高度智慧的人类。如果没有人类，即使宇宙浩瀚无边，星球无计其数，恒星光芒四射，太空神秘诡异，有谁会去关心呢？对于人类来说，地球是生存家园，衣食父母，是安身立命的唯一宝地。然而，长期以来，人类对自己赖以生存的地球，知之甚少，认为所有这一切，都是生来如此，天经地义的。

然而，当从太空回望地球的时候，人们忽然想到了一

124

个问题：地球原来是很小的，而且不可能再长大了。可是我们人类，无论是数量还是欲望，都在急速地膨胀。这是一个极其尖锐而复杂的矛盾。一个无论是面积还是资源都很有限的地球，怎么能容得下数量和欲望都在无限膨胀着的人类呢？

于是，宇宙探索者们便赋予自己一项神圣的使命：去寻找一个有可能适合人类生存的星球。但是，令他们大失所望的是，在浩瀚的宇宙中，要想找到一个像地球这样的星球，如同大海捞针，几乎是不可能的。人们这才感到地球的可贵，至少在可以预见的将来，地球是人类赖以生存的唯一家园。人们这才良心发现，大声疾呼："我们要研究地球，了解地球，热爱地球，保护地球，把地球建设成一个美好和谐的幸福乐园！"

那么，地球到底是个什么样子？

地球的形状和大小

现在，人们都知道地球是圆的，最简单的方法，就是站在海边观看那些自远而近的航船，首先看到的是桅杆的顶端，然后才会渐渐看到船的上部或者白帆，只有当船靠近到一定程度之后，才能看到它的全身。这是因为海面是一个曲面。当然，更加舒服的方法，是坐在家里看电视转播，当从太空发回来的图像将地球的全貌展现在人们面前的时候，有谁还会对此提出疑问呢？

但是，地球到底有多大，地球到底有多圆，却不是单凭眼睛可以看得出来的。1687年，牛顿根据地球的引力和离心力计算的结果，认为地球是一个扁球体，即其两极的半径比赤道半径要短一些，其扁率（长半径减去短半径再除以长半径）大约为二百分之一。但是，当时有人计算的结果，却与牛顿正好相反，认为赤道半径要比两极半径短一些。为了解决这个矛盾，法国人于 1735 年和 1736 年，分别派出两支考察队，进入秘鲁和北极进行大地测量，经过几年的辛勤工作，结果证明牛顿是对的。他们计算出地球的扁率大约是 1/298，这已经是相当精确的了。

随着科学技术的飞速发展，测量手段的精度愈来愈高，现在人们普遍认为，地球的赤道半径约为 6 378 千米，两极半径约为 6 357 千米，地球椭球体的扁率为 1/298.257，地球的表面积约为 5.1 亿平方千米，地球的体积约为 1.083×10^{12} 立方千米，地球的质量约为 5.976×10^{24} 千克。

来自地球内部的信息

头脑风暴

地震、磁场带给我们什么信息？

俗话说，上天无路，入地无门，这是指人已经到了走投无路的地步。今天，上天的路已经开通了，入地的门却还没有打开。人类虽然可以下到洞里去开矿，却连地球的皮毛都没有触及。当然，钻井可以打得更深一些，但到目前为止，最深的钻井也不过十几千米。总而言之，要钻到地下去看看，绝不是一件容易的事。然而，人们还是想出了办法，利用一些地球物理的手段，来探测地球内部的结构和虚实。大自然是非常慷慨的，总是源源不断地提供一些地球内部的信息，使人类对于地球的认识一步步走向深入。

地 震

通常，人们只知道地震是一种可怕的灾难，一旦发生，就会山崩地裂，墙倒屋塌，给人类的生命财产造成极大的损失。但是，有其弊必有其利，地震也是来自地球内部的一种非常重要的信息。

地球上每年约发生500万次地震，其中绝大多数地震太小或者离人们居住的地方太远，人们根本感觉不到。另外有些地震，虽然我们可以感觉到，却不会对我们的生活造成什么损失。对人类生活造成严重危害的地震，全世界每年约有一二十次。能够给人类带来巨大的灾难的地震，每年大约有一两次。这就是为什么人们会谈"震"色变。

地震在空间上的分布也是有规律的，既不是均匀发生，也不是杂乱无章，而是集中在两个地震带上。其中，世界上约80%的地震都发生在环太平洋地震带上。其他地震主要集中在横穿欧亚大陆的地中海－喜马拉雅地震带。中国东部的地震，主要受太平洋地震带的影响和控制；中国西部的地震，包括发生在四川、云南、青海、西藏和新疆的地震，集中在地中海－喜马拉雅地震带。

从震源到地面（震中）的垂直距离叫震源深度，其分布也有一定的规律性。一般认为，震源深度在0~70千米的地震叫浅源地

震，震源深度在 70 千米 ~300 千米的地震叫中源地震，而震源深度在 300 千米以上的地震叫深源地震。

同样大小的地震，震源深度愈浅，造成的破坏也就愈大。中国大部分地震，其震源深度都在十几千米到三四十千米之间，常常能造成巨大的损失。只有东北三省、台湾和新疆的个别地区，有时会发生深源地震，即使七八级的大地震，也只不过感到晃动而已，并不会造成太大的损失。但是，深源地震的数量是很少的，全世界大多数地震是浅源地震。

地震主要是通过地震波传达给人们地球的内部信息。大地震发生时，会发出强大的地震波，通过地球内部，向全球传播。利用现代的科学仪器，在地球的任何地方，都可以清楚地接收到大地震的信息。

根据对地震波的研究和分析，科学家们终于知道，地球原来就像个鸡蛋似的，呈层状结构，最外面一层叫地壳，相当于鸡蛋壳，再里面一层叫地幔，相当于鸡蛋清，最里面的部分叫地核，相当于鸡蛋黄。从这个意义上来说，地震就像是一部巨大的透视机，将地球内部的结构，清楚地显示了出来。由此可见，地震虽然有时会造成巨大的损失，但对研究地球内部结构而言，它的功劳却是巨大的。

我们的祖先对地震研究做出过重要贡献，汉代的张衡，在人类历史上最早发明了用于观测地震的地动仪，比西方早了许多个世纪。

磁 场

在地球的周围，除了大气之外，还有两种看不见摸不着的东西，那就是地球的磁场和重力场。

除了地震之外，地球磁场也给人们提供了来自地球内部的重要信息。指南针是我们祖先的四大发明之一。我们中华民族是世界上最早懂得利用地球的磁场来确定方向的民族。

地球为什么会有磁场？

如果你手里有一个可以自由活动的磁针，就可以处处感到磁场的存在，磁针的一端将永远指向北，而另一端则永远指向南。如果你正好站在赤道上，磁针则会保持水平。离开赤道往北，磁针的北端则将往下倾斜；离开赤道往南，磁针的南端则将往下倾斜。如果按照磁针所指的方向一直往北走下去，总有一天，你会走到一个点，在那里，磁针将会垂直于地面，那就是磁北极点；如果按照磁针所指的方向一直往南走下去，你同样也可以找到一个点，在那里，磁针将垂直于地面，那就是磁南极点。

那么，地球为什么会有磁场呢？这到现在还是一个谜。根据

电磁理论可知，当有电流存在的时候，才会产生磁场。所以，科学家们推测，很可能是因为处于液体状态的地核外层，相对于固态的地幔而转动，因而产生了环状电流，进而产生了磁场。

由地核内电流所产生的磁场，是地球磁场的基本磁场，占地球磁场的90%以上，但并不是全部。在大气圈的电离层中，存在大量的带电粒子，它们在地球磁场的驱动下产生了定向流动，因而产生了电流，同样也产生了一部分磁场，叠加在地球磁场之上。这部分磁场主要受太阳辐射的影响和控制，有周期性的变化。

另外，以上的磁场与太阳风在磁层中的相互作用，同样也会产生电流，因而又产生了一部分磁场。因为太阳风随着时间变化很大，所以在磁层里的这一部分磁场，也随着时间而变化，而且常常引起磁暴。

地球的磁场带给我们什么信息？

首先，我们在地球表面所观测到的地球磁场，无论是在强度上，还是在方向上，都是不均匀的，随着地点的不同而变化，这主要是受地下带磁物质影响的结果。而不同物质，磁性的大小又是不一样的，例如火成岩就比沉积岩的磁性大得多，而含铁矿石的磁性就更大了。

科学笔记

所以，利用对于地磁场的观测和分析，就有可能知道地下构造的形状和大小。特别是用来寻找铁矿，是非常有效的。

更加有趣的是，在过去漫长的历史中，地球磁场的方向，曾经发生过多次翻转，就像翻跟头似的。因为所有的岩石在形成的过程中，都受到地球磁场的作用和磁化，因而把当时磁场的大小和方向记录了下来。人们通过对保存在岩石里的磁性信息进行分析，就可以恢复远古时期地球磁场的方向和强度，这就叫古地磁。通过对古地磁的研究，科学家们不仅知道了地球磁场已经翻了几次跟头，而且还找到了大陆漂移的确切证据。

当然，地球磁场的作用还远不止于此。利用罗盘根据磁场来确定方位，曾经是人类最重要的确定方向的手段，对航海事业的发展，特别是对全球性的地理大发现，起到了至关重要的作用。因此可以说，如果没有我们的祖先发明的指南针，不仅航海事业会遇到很大的困难，人类对地球全貌的认识，也要推迟许多世纪。

而对生物来说，磁场就更加重要了。研究表明，地球上的许多生物，特别是那些候鸟和鲸等远距离迁移的生物，都是根据磁场来确定方向的，如果没有磁场，它们就将失去方向，无法生存下去。因此，科学家们推测说，当地球磁场的方向突然发生倒转时，肯定会有大批动物因此而消失。

重　力　场

在日常生活中，人们常常用一个物体的重量来代替它的质量。实际上，**重量和质量是两个不同的物理概念。质量是物体所具有的一种物理属性，是物体惯性大小的量度，而重量是物体受重力的大小的量度。**

牛顿力学中的**重量是可变的，而质量是一个恒量。**例如，物体在月球上的重量约为地球上重量的 1/6，所以，一个质量为 65 千克的宇航员在地球上的重量为 637 牛，但在月球上则为 105.3 牛。如果他乘宇宙飞船进入太空，就会悬在半空，已经没有了重量，但他的质量依然存在，还是那么多。如果他返回地球，它的重量又变成 637 牛了，质量也还是不变。这到底是为什么呢？这是因为，**质量是恒定的，而重量却与这个物体离地球的距离有着极其密切的关系，即**

$$F = Gm_1m_2/r^2$$

这就是牛顿的万有引力定律。其中，G 为万有引力常数，m_1 为地球的质量，m_2 为这个物体的质量，r 是这个物体到地心的距离，F 则是这个物体所受到的地球的引力。当物体在某星球表面作圆周运动时可将万有引力看作重力。

那么，重力还为我们带来哪些信息呢？因为重力与地下的质量分布有关，而地下的质量分布是不均匀的，所以利用地面上的重力测量，我们就有可能知道地下的地质构造和矿产分布的情况。

当然，重力的意义远不止于此，人类之所以能够生活在这个星球上，首先就应该归功于重力。如果没有重力，不仅大气将飞得无影无踪，而且连人类本身，以及地球上一切可以活动的东西，都会飞到九霄云外去。

科学笔记

因为重力与质量和距离有关，所以利用全球性的重力测量，我们就可以计算出地球的大小、形状、密度、质量，以及它与其他天体之间的相互关系。

岩 石 天 书

除了磁场和重力场这两种看不见、摸不着，只有用仪器才能探测到的信息之外，还有一种来自地球内部的信息，不仅肉眼可见，而且比比皆是，那就是各种各样的岩石。

中国自古以来，就流传有无字天书的故事。张良见黄石公就是一例。据说，张良小的时候，有一天在一座小桥上玩耍，一个老人走过来，故意把鞋子扔到水里，让他去捡上来。张良本不愿意，但见老人那么大年纪，便为他捡了上来。老人很高兴，便让张良晚上到这里来见他。晚上，张良如约而至，见老人已经等在那里。老人很生气，说他没有诚意，让他第二天再来。第二天晚上，张良提前到达，还是比老人来晚了，老人又把他训了一顿，叫他明天再来。第三天晚上，张良饭也没有吃，早早地便等在那里。老人来了，看见张良很高兴，便给了他一部书。张良打开一看，并没有字。转身去问老人，老人却早已变成了一块黄色的大石头。张良这才知道，那老人原来是个神仙，便称他为黄石公。而他得到的则是一部天书，只有黑夜在月光下捧读，才能看出字来。正是靠这部天书，张良辅佐刘邦得了天下，建立了汉朝。

当然，这只不过是一个传说故事而已。然而，在自然界里，天书却随处都有，就是那些层层叠叠的岩石。这些由岩浆而来，与地球共生，看上去普普通通的大石头，携带着地球内部和地球演进的重要信息。

如果我们想认识地球，造福人类，同样也需要这些“黄石公”们来指点迷津。但是，石头上并没有字，在一般人的眼里，它们只不过是一些石头而已，最多可以用来铺马路、盖房子，有时候还会碍手碍脚，成为绊脚石。只有那些训练有素的地质学家，才能读懂这些天书。

他们跋山涉水、风餐露宿、忍饥挨饿、前仆后继，从那些千姿百态、怪石嶙峋的岩层里，得到了从地球形成到生物演化、从化学元素到物质成分、从大山隆起到海底凹陷、从地壳运动到人类进化，各种各样极其丰富而宝贵的信息，一步步解开了地球的奥秘。

地球的年龄和演化

头脑风暴

什么是"生命大爆发"？
从恐龙到人类，地球发生了什么变化？

地球形成的初期，就像一团烈火，表面温度高达几千摄氏度，既没有岩石，更没有生物。后来，随着时间的推移，岩浆慢慢冷却，形成了一层硬硬的外壳，这就是地壳。地质学家们说，地壳形成至今，大约已经有 46 亿年的历史了。这 46 亿年的历史也正是其漫长的演化史。

地壳的演化，是在两个方面同时进行的。一是地质构造运动，于是有了陆地、海洋、高山、平原；二是生物上的进化，于是有了微生物、植物、动物和人类。通常，人们根据地层自然形成的先后顺序，将地层分为 4 宙 14 代 12 纪。宙下被划分为代，通常分为太古代、元古代、古生代、中生代和新生代。

根据古生物化石，人们将可看到一定量生命以后的时代称作显生宙。前寒武纪的上限为地球的起源，其下限年代都不是一个绝对准确的数字，一般可推至 5.7 亿年前或 6 亿年前，自寒武纪到约 2.5 亿年前这段时间为古生代；从约 2.5 亿年前到 6 500 万年前为中生代，从 6 500 万年前到现在为新生代。那么，在各个地质历史时期，地球的面貌又是怎样的呢？

寒武纪大爆发

前寒武纪初期是地壳形成的时期，渐渐冷却下来的地壳，起初只有几百米厚，就像火山喷发之后表面上冷却的岩浆一样。那时候，因为温度太高，天空中可能有云，但地上不可能下雨。随着温度下降，地壳也在渐渐增厚。后来，地壳终于冷却到了足以接受降雨的程度。于是，堆积的岩浆形成了高山，降水冲刷地面，在大海中形成了沉积，为沉积岩的形成创造了条件。

而在这之前，地球上只有各种各样的火成岩。后来，随着高山的隆起和海

洋的扩大，便在水中演化出了最初的生命形式。由于它们的光合作用，大气中便有了氧气和二氧化碳，海里才有了石灰岩这样含碳的沉积物。臭氧挡住了紫外线，二氧化碳调节了空气的温度，为生物的大量繁殖创造了条件。

根据最新发现的古生物化石，科学家推断，在距今约 5.3 亿年前后的寒武纪早期，多种门类的动物在短短几百万年的时间里快速登场，节肢、腕足、蠕形、海绵等一系列与现代动物形态基本相同的动物，在地球上"集体亮相"，形成了多种门类动物同时存在的繁荣景象，这一快速的生命演化事件，被称为"寒武纪大爆发"。

至于为什么寒武纪会出现生物大爆发，至今是一个谜团，科学家们还在研究。"寒武纪大爆发"是地球生命演化史上的神秘事件，是当今生命进化研究领域的热点和难点，其内涵一直受制于重大化石的发现。我国澄江生物群、清江生物群、小石坝生物群等化石宝库的发现为全球科学界揭开"寒武纪大爆发"的奥秘提供了独一无二的材料。

后来，动物的种类愈来愈多，植物也在陆地上大量生长。到古生代后期，沼泽中长出了森林。因此，煤田沉积成了这一时期最重要的标志。那时候的海洋是很浅的。由于雨水的冲刷，在海洋中形成了厚达一万多米的沉积物，但大海并没有被填平，由此可见，那时的海底仍然是在继续下沉之中。与此同时，高山也在不断地隆起，把含有生物化石的海底沉积物带到了山顶。大陆漂移说认为，晚古生代时期全球所有大陆连成一体形成了超级大陆，也叫泛大陆。

中生代——恐龙繁盛

保存在岩石里的化石表明，中生代的动植物种类和分布与古生代相比，又有了明显的不同。最具特色的是恐龙，它们是这一地质时代典型的标志。那时候，天上飞的，地上爬的，山上跑的，水里游的都是恐龙，它们统治着整个地球，达到了鼎盛时期。

与此同时，鸟类也开始出现了，与会飞的恐龙相比，它们显示出了更大的优越性。哺乳动物也来到了这个世界上，它们虽然个子比较小，但繁殖的速度却很快，在地球上蔓延开来。在植物中，针叶林随处可见，占据了主导地位。与现代相类似的阔叶林开始出现，地球上还繁衍出大量的开花植物。海里有珊瑚、蚌类和各种带壳的生物，有些动物与现在的动物基本相同，但与古生代的类似生物却有很大的区别。

海生无脊椎动物以菊石类繁盛为特征。

大约 2 亿年前，即中生代中期开始，泛大陆开始分裂，几块大陆飘然而去，陆地上的生物便被隔断了联系，逐渐演化出了不同的物种。

当人们把地球演化的历史一点一滴地恢复起来的时候，就会发现许多神秘莫测、令人难以理解的事实。其中最有趣也最具戏剧性的，就是恐龙的灭绝。曾几何时，巨大的恐龙家族趾高气扬，横行无阻，看上去几乎是不可战胜的。但是，到了大约 6 500 万年以前，它们却突然消失得无影无踪。到底为什么，至今依然众说纷纭，莫衷一是。

不仅如此，中生代的生物，无论是海洋生物还是陆地生物，很多没有存活到新生代。因此，从生物进化来看，中生代和新生代之间并不连续，好像出现了一个非常大的断层。

新生代——人类出现

新生代的构造运动非常强烈，北美洲的落基山脉和太平洋沿岸山脉，南美洲的安第斯山脉，欧洲的阿尔卑斯山脉和地中海沿岸山脉，往东一直延伸到亚洲的喜马拉雅山脉，都是这一时期形成的。这些构造运动至今仍在继续，所以这些山脉所在的地区都有强烈的地震活动。

当然，新生代还有另外一个极为重要的飞跃，那就是在最后数百万年的时间里，人类终于出现在这个星球上，成了目前为止已知的、宇宙中唯一具有高智商的高等生物。

地球的分层结构与物质组成

实际上，直到目前为止，人类对地球的了解还只限于皮毛，甚至连薄薄的地壳还没有完全搞清楚，至于地球内部到底是什么样子，更是一团迷雾，知之甚少，只能做一些猜测而已。

地球的内部是什么样的？

根据对地震波研究的结果，以及对重力和磁场资料的观测和分析，整个地壳平均厚度约 17 千米，大陆地壳厚度较大，平均约 39~41 千米，大洋地壳要薄得多，厚度只有几千米。因此，如果把地球比作一个鸡蛋，也只能是一个鸡蛋壳非常薄的鸡蛋。因为鸡蛋壳的厚度，大约为鸡蛋半径的 1/50，而地壳的厚度，大约占地球半径的 1/500。

地壳和上地幔的顶部，由花岗质岩、玄武质岩和超基性岩组成，平均厚度 60~120 千米，被称为岩石圈。人们通常把地壳和地核之间的中间层称为地幔，厚度在 2 800 千米以上。地幔下部的物质，为塑性流体，在重力的驱动下，发生了缓慢的对流，从而为板块运动提供了动力。

地幔以下，就是地核，共分两层，外核为液体，内核为固体。据说，液体的外核，散发出了大量的热量，为地幔对流源源不断地提供着能量。不仅如此，外核液体自身，也在不断地定向流动，其中的带电粒子，产生了环形电流，造成了地球的磁场。

地球各层的成分有哪些？

到目前为止，人类还没有办法从地球深部十几千米以下直接取得样品。但是，根据对地震波和深源岩石的分析，人们对于地球各层的成分已经有了一些初步认识。

人们发现，大陆地壳构造复

杂，自上而下由沉积岩层、硅铝层和硅镁层所组成，厚度很不均匀。而大洋地壳主要是由基性、超基性岩构成，其成分富含镁、钙、铁等元素。地幔主要由致密的造岩物质构成，又可分为上地幔和下地幔两层。而铁、镍等物质组成了地核。

　　地球为什么会出现这种分层结构呢？这主要是由于重力分异的结果，重的物质如铁、镍流向地核，轻的物质如硅、铝、镁等则升至地表。由此可见，在地球动力学过程中，重力发挥着至关重要的作用。

地球的能量从哪里来?

头脑风暴

地球不断地运动,能量从哪里来?

地球从形成的那天起,就在绕着太阳旋转,一年转一圈,这叫公转。与此同时,它还在绕着自身的旋转轴旋转,一天转一圈,这叫自转。地球绕太阳公转的轨道是一个接近于圆形的椭圆,每年的1月初离太阳最近,7月初离太阳最远。公转的平均速度约30千米/秒,在近日点运动最快,而在远日点速度最慢。地球的赤道平面,与地球公转的轨道平面成23.5°的夹角,正因如此,地球上才会有一年四季的变化。

除此之外,地球本身也在不断地运动当中,大的有板块运动、火山喷发和地震活动等;小的有岩石风化、河流冲刷、海洋潮汐、雨水侵蚀等。所有这些运动,都需要能量。

这些能量到底有多大?举一个例子就可以理解了。到目前为止,人类所能制造出来的最大的能量释放,莫过于原子弹和氢弹的爆炸。但是，2万吨级原子弹爆炸的能量约相当于一次5级地震所释放出的能量。

那么，地球如此巨大的能量，是从哪里来的呢？主要有两个来源，一是来自于地球内部，这主要是由于大量放射性元素衰变所释放出来的。这些能量是板块运动、火山爆发和地震的驱动力。二是来自地球外部，主要是太阳辐射能，它对地表形态的塑造主要有风化、剥蚀、搬运、堆积等方式。

实际上，地球内部所产生出来的热量，跟地球从太阳接收到热量相比是非常少的，但这就足以造山填海，每时每刻都在改变着地球的面貌。由此可见，太阳赐给地球的能量是非常巨大的。如果人类能把这些能量有效地利用起来，那该有多好啊！

当然，人类也在不断地尝试利用这些能量，如太阳能、风能、地热能、潮汐能等。实际上，人类吃的食物也是太阳能转换的，就是利用植物的光合作用把太阳能转换成人类需要的能量。

神秘的大气层

　　从太空看地球，地球是一个蓝色的星球；而从地球看太空，太空也是一个蓝色的太空。这是因为，地球被一层厚厚的大气包围着。

　　人们把这层大气称为大气层或者大气圈，地球就像穿了一件厚厚的衣服。

　　正因为有了这个大气层，地球上才有了风，有了雨，有了适宜的温度，有了生物。如果没有这个厚厚的大气层，地球将冷热不均，毫无生气，只能是一个死寂的星球。

　　那么，我们对地球的大气层，到底了解多少呢？

从观测到天气预报

头脑风暴

暴风雨为什么是一个移动的天气系统？

我们的祖先很早以前就对大气进行了观测和记录，留下了许多对大气现象的记载和描述，为人类研究大气积累了丰富的资料，这是一笔宝贵的财富。几乎与此同时，古埃及人和古希腊人也对大气进行过大量观察和描述。早在 2 000 多年前，古希腊人就建起了用来观察大气现象的风力观测塔。

大约在 2 300 年前，古希腊伟大的哲学家和科学家亚里士多德编著了《气象汇论》一书，他粗浅地解释了风、云、雨、雪等天气现象。但是，所有这些记载，还只是定性的描述，现代气象学的研究是从 17 世纪初才开始的。

温度计和气压计的发明

1593 年，意大利天文学家、数学家、物理学家，近代实验科学的奠基者之一伽利略发明了温度计，开创了人类测量温度的先河。1643 年，另一位意大利物理学家、数学家托里拆利发明了气压计，为人类对大气的研究提供了另外一种重要的工具。有了这两种仪器，科学家很快就发现，气候条件与气压的变化有着极其密切的关系。

到 17 世纪末期，人们在很多地方都进行了气象观测。积累了一定的资料之后，到 1743 年，在气压计发明 100 年之后，美国科学家富兰克林推测，风暴可能是一个移动的系统。但是，他的观点，当时并没有在天气预报中发挥什么作用。

利用无线电技术进行大气研究

直到 19 世纪 40 年代，电报的发明为大面积的天气预报提供了强有力的工具。人们这才发现，**暴风雨确实是一个移动的天气系统**。19 世纪末，人们开始利用探空气球对高层大气进行探测。法国气象学家泰塞伦·德波尔特终于发现了平流层，或者叫同温层。20 世纪以来，人们利用无线电技术进行大气研究，这样就可以将高空中的气

温、气压和湿度等重要参数直接发回到地面。于是，人们开始绘制大气环流系统图。

差不多与此同时，挪威的卑尔根气象学院根据北极对大气环流的扰动，提出了气旋的暴风理论。到 20 世纪三四十年代，人类对大气层的理论研究又取得突破性的进展，终于发现，地球的大气层原来是一个整体，而移动的气象系统，只不过是一些局部的扰动而已。

在第二次世界大战期间，轰炸机驾驶员为了躲避对手的炮火，尽量往高处飞，结果发现，大约在 10 千米的高空有一个全球性的高速环形气流。1960 年，在第一颗人造气象卫星"泰罗斯 1 号"发射升空之后，科学家们终于有机会从全球范围观测大气层。而现今先进的高速计算机，则有可能对复杂的数据进行各种模拟计算，从而提高天气预报的准确率。

大气层里有什么？

实际上，发生在大气层里的许多物理和化学过程，都与大气的成分直接有关。因此，当我们要研究大气结构的时候，必须首先弄清楚，大气到底是由哪些成分组成的。

现在地球大气中有氮、氧、氩等常定的气体成分，有二氧化碳、一氧化氮等含量大体比较固定的气体成分，也有水汽、一氧化碳和臭氧等变化很大的气体成分。其中，氮约占大气总量的78%，氧约占大气总量的21%。其次是惰性气体氩，约占大气总量的0.9%。剩下的0.1%是由许多微量气体组成的。大气中的二氧化碳和水蒸气，占比不多，却非常重要。

大气层到底有多厚？

据探测，地球上面的大气层厚度，大约在1 000千米以上，但没有明显的界限。无论是温度、密度，还是压力，大气层内部都是不均匀的。而温度、密度和压力三个因素，又是密切相关，互相制约的。一般来说，大气的密度和压力都是随着高度的升高而减少，但不是均匀的。

大气温度的变化，更要复杂。气象学家根据大气层随高度不同表现出不同的特点，将大气层分为**对流层、平流层、中间层、电离层（暖层）和散逸层（外层）**。

对流层位于大气的最低层，它的厚度不一。其厚度在地球赤道地区约 17 千米，在地球两极上空，其厚度约 8 千米。实际上，整个大气质量的 75%，以及大气中几乎所有的水蒸气，都集中在对流层里。而且空气对流运动非常强烈，云雾霜雪，风雨阴晴，主要的天气变化都为这一层所控制，因而对流层也是与人类的生存关系最密切的一层。一般情况下，这层大气的温度随着高度的增加而降低，平均每升高 100 米，温度下降 $0.65℃$。

从对流层顶部向上到约 50 千米处，气流主要表现为水平方向运动，所以叫平流层，又称同温层。这里基本没有水汽，晴朗无云，很少发生天气变化，适于飞机航行。

从平流层顶部向上至 85 千米左右为中间层，该层因臭氧含量低，同时，太阳短波辐射已大部分被上层大气所

吸收，所以温度垂直递减率很大，对流运动强烈。

电离层是地球大气的一个电离区域，60千米以上的整个地球大气层都处于部分电离或完全电离的状态，完全电离的大气区域称磁层。

散逸层是大气层向星际空间过渡的区域，外面没有明显的边界，延伸至距地球表面1 000千米处，这里的温度很高，大气已经非常稀薄，再往外去，就算是离开了地球，进入了太空。

大气内部的变化有什么规律？

大气内部，为什么会有如此巨大的变化呢？科学家们研究表明，这主要是由于大气对太阳辐射的能量，在不同的层面上，有选择性地吸收的缘故。例如，在300千米以上的高空，阳光中短波（波长短于100纳米）紫外线，被大气中的氧原子吸收，不仅产生了1 000℃以上的高温，而且使大气中的气体成分，在强烈的太阳紫外线和宇宙射线作用下，处于高度电离状态，这也是暖层或者电离层形成的原因。

而那些波长在200~300纳米的短波紫外线，穿过了中间层，到达平流层顶部的高空，被臭氧吸收，形成了另一个高温区。剩下的可见光，穿过整个大气层而到达地面，形成地面的温度。

　　由此可见，当宇航员乘坐宇宙飞船离开地球的时候，在大气层中会遇到一些非常有趣的现象。当他们离开地面以后，宇宙飞船越升高外面的温度越低，然后他们在热层时，外面的温度又升高，最后又降低，当他们飞出约 1 000 千米的高度以后，大气层就越稀薄，真正进入了太空，可以对地球说再见了。

大气是如何流动的?

实际上,大气的温度不仅随着高度而变化,而且在水平方向上也是不均匀的,特别是在对流层里。因为大气的密度和气压都和温度密切相关,所以在对流层里,大气的温度、密度和压力,都在随时随地变化着,不停地流动着,这就是对流层形成的根本原因。

然而,大气的流动,并不是杂乱无章的,而是有着明显的规律性,既有全球范围的对流,又有局部地区的环流,从而影响了全球的气候变化。

大气的流动形成了风。在控制气候变化的诸因素中,风是最活跃的因素。如果没有风,大气将死气沉沉,动不起来,也就不会有云雨阴晴。于是,旱的地方老是旱,涝的地方老是涝,热的地方非常炎热,冷的地方极其寒冷,不仅是人类，连其他生物也很难生存下去。那么，大气是如何流动起来的呢？

大家知道，任何机器的运转，都是由热源和冷源两部分组成的。例如汽车，马达是热源，用来供给能量，而水箱是冷源，用以维持机器的正常运转。地球也是这样，就像一个巨大的热动力机，热源在赤道，冷源在两极。由于太阳光直射和斜射的差别，赤道地区所得到的太阳的能量，要比两极地区多得多。因此，赤道地区的大气，因为受热膨胀而上升，然后分流到两极地区，在两极地区冷却之后，又沿着地面回流到赤道，于是构成了全球性的大循环。

当然，这不过是大气全球环流的背景而已，由于地球自转，地形起伏，大陆和大洋的差异等因素的影响，大气对流的模式并非一成不变，而是非常复杂的。

能量交换和温室效应

头脑风暴

地球是如何保持适宜人类生存的温度的？什么是温室效应？

就地球表面而言，或者说在大气层内部，之所以能维持某种适当的温度，首先要归功于太阳的辐射。源源不断地来自太阳的辐射能，保障了地球这架热动力机的正常运转。

能 量 交 换

在大气顶部与太阳光垂直的平面上，单位面积在单位时间内所受到的太阳辐射的全谱总能量约 1 368 瓦。但是，并不是所有这些能量都能被地面所吸收，有一部分能量会被云层和地球表面反射回太空里。还有一部分能量被大气层吸收，只有剩下的能量，才为地球表面所吸收。

正是由于太阳辐射到地球上的能量和地球反射回太

空的能量，大体上保持着某种动态的平衡，地球上才会有今天的气候。如果太阳辐射到地球上的能量保持不变，那从地球上反射回太空的能量越多，那么地球表面的温度就会越低；从地球上反射回太空的能量越少，则地球表面的温度就会越高。

一个物体放射出的能量，与它本身的温度密切相关。根据计算，一个黑体表面单位面积在单位时间内辐射出的总功率，与黑体本身的热力学温度 T 的 4 次方成正比，这叫**斯特藩 - 玻尔兹曼定律**。按照这一定律计算，如果要使地球吸收的太阳能量，和它散发到太空中的能量保持平衡，只要有 $-20℃$ 的有效温度就足够了。但是，地球表面的平均温度却是 $15℃$。这些额外的能量是从哪里来的呢？

原来，地球表面反射回空中的能量，有相当大的部分又被大气中的二氧化碳和水分吸收，重新向上或者向下散射。而向下散射的那一部分能量，又回到了地面上，就像在空中盖起来一个巨大的玻璃房子，把整个地球都笼罩了起来，这叫**温室效应**。

以上所说的只是垂直方向上的能量交换。但是，要维持大气层的能量平衡，只有垂直方向上的能量交换是不够的，还要有水平方向的能量交换。由于直射和斜射

的差别，地球的大气层每年从太阳那里吸收的能量并不是均匀的。事实上，两极地区每年从太阳辐射中所吸收的能量，大约只有赤道地区的四分之一。这就是为什么两极地区要比赤道地区寒冷得多。

温室效应的前生后世

现在，"温室效应"一词成了时髦的字眼，随着气候异常，天气变暖，人们开始忧心忡忡，似乎就要大难临头了。实际上，温室效应并不是现在才有的，很早很早以前，当大气中有了水汽和二氧化碳之后，温室效应就开始了。正因为有了温室效应，地球上才有可能保持如此温暖适宜的气候，适应于各种生物的生存和繁衍。

但是，自从人类来到这个星球上，随着本领的增长，其对自然界的规律带来了愈来愈大的干扰。起初，人类的干扰还是微乎其微的，对自然环境并没有产生明显的影响。直到工业革命之后，随着科学技术的飞速发展和生产力水平的迅速提高，对自然界的干扰和破坏也就愈来愈大，以至于引起了环境污染、气候异常、沙漠扩大、生态失衡。其中特别值得重视的就是温室效应。

由于工业生产的发展和生活水平的提高，生产、生活中每天都要燃烧大量的石油、煤炭、天然气和柴火，释放出的大量二氧

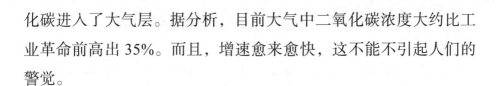

化碳进入了大气层。据分析，目前大气中二氧化碳浓度大约比工业革命前高出 35%。而且，增速愈来愈快，这不能不引起人们的警觉。

能够引起温室效应的气体，不只是二氧化碳和大气里的水蒸气，还有甲烷、一氧化二氮和完全由人类制造出来的氯氟烃等。这些气体为什么会引起温室效应呢？原来，它们有一种非常奇妙的特性，可以让短波辐射的热能顺利通过，却把大部分长波辐射的热能挡回去。所以，它们停留在大气层中，就像一个过滤器一样。而来自太阳的热能，主要都是短波辐射，所以可以顺利穿过大气层来到地面上。但是，这些热量被地面吸收以后，变成了以红外线为主的长波辐射的热能，在反射回太空的途中，正好被二氧化碳等气体所阻挡，因而保留在大气层中。久而久之，对流层中大气的温度就会愈来愈高。

特别指出的是，像氯氟烃这样的人造气体，虽然在大气中的含量比二氧化碳少得多，但其增温效应却非常大，远超二氧化碳。而且，随着工业的发展，散发到大气中的氯氟烃等每年在飞快地增多。据推算，在过去 200 多年全球增温的过程中，二氧化碳所起的作用较大。但是，如果人类不加以控制，几十年后，其他温室气体在温室效应中所发挥的作用，将会超过大气中的二氧化碳。而且，由于温室气体的大量排放，增温的速度将越来越快。

温室效应会给地球带来什么后果？

温室效应会给地球带来什么样的后果呢？就局部地区而言，气温升高也许并不是一件坏事情，特别是对温带和寒带来说，天气转暖可以使植物的生长期更长，从而有可能提高谷物的产量。但是，从全球范围来看，温度的持续升高却绝非好事，如果气温愈来愈高，最终有可能使两极冰盖消融，其结果将使地球的海平面大幅度上升，不仅世界上很多大城市将遭到灭顶之灾而变成水晶宫，而且陆地的面积也将大大减少，耕地面积几乎为零，人类将如何生存下去？

更加可怕的是，由于海平面上升，海洋面积大大增大，再加上温度增高，海水的蒸发量也将大大增加，其结果是大量乌云笼罩地球，太阳光照射不到地球表面，那时气温又将会急剧下降，从而导致气候逆转，使地球进入另一个冰期……后果不堪设想。

这听上去似乎有点耸人听闻，但威胁确实存在。最近几十年，美国阿拉斯加地区的年平均温度在上升。最近几年，增温的速率似乎明显加快。在本应极为寒冷的北极圈附近，气温也在今年不断创下新高。2021年7月4日，挪威气象研究所数据显示，靠近北极圈的萨尔特达尔气温为34℃。全球各地的高温、干旱、暴雨等极端天气似乎都表明，气候的转暖是全球性的。

于是，人们开始紧张起来，特别是那些岛屿国家，更是忧心忡忡。如果两极的冰盖彻底融化，英国的大部分将不复存在，日本的国土也将只剩下几个山顶。因此，全球几十个岛屿国家聚在一起开会，商量对策。当然，这绝不仅仅是几个国家的事情，因为世界上最发达的地区和大城市都集中在沿海，又有谁能对此无动于衷呢？

大气是从哪里来的?

地球形成的时候,空气中有氧气吗?

在了解了大气的神秘之处后,人们必然要问,这些大气到底是从哪里来的呢?要了解这一点,我们必须从整个地球和地球上生命的演化历史说起。

大家都知道,地球已经有大约 46 亿年的历史了。至少从 35 亿年以前,生命就开始出现了。但是,在地球刚刚形成的时候,其实并没有大气。那么,这些大气是从哪里来的呢?

火山喷发出的气体

大气可能是从地下冒出来的,是火山喷发的结果。直到今天,地球上的火山仍在不断地活动之中,但在地质历史上的某些时期,地球上的火山活动要比今天猛烈得多。

那么，火山活动都喷发出一些什么样的气体呢？就以夏威夷为例，其火山气体的主要成分有水、二氧化碳和二氧化硫，还有少量的氮和其他气体。

可以猜测，过去的火山活动与现在的火山活动所喷出来的气体在成分上应该是大体一样的。但是，如果把这些火山气体与现在的大气一比较，立刻就会发现一个非常重要的区别，即在火山喷发出来的气体中，并没有氧气。

原来，火山气体从高温高压的地底下喷发出来以后，必然会发生物理和化学上的急剧变化。例如，水蒸气冷却以后，就会凝结成水，汇集成了大洋；大部分氢气因为比重小而上升，终于挣脱了地球的引力而散向了太空；二氧化碳则与地表的其他矿物发生化学作用，变成了含碳矿物和岩石。但是，所有这些变化，都不可能产生出生物生存所必需的氧气。那么，空气中的氧气又是从哪里来的呢？

事实上，地球形成以后，在最初的几百万年里，大气中是没有氧气的。这有几个很明显的证据：第一，最早的物质很少氧化。例如，沉积在古老地层的加拿大盲河地区的铀矿，在地下时保存完好，一旦暴露在现在的大气里，立刻就会被氧化。第二，在自然界中，没有任何已知的氧气来源存在。第三，对古生物的研究表明，地球上最初的

生命，是在没有氧气的环境中演化出来的。

氧气从哪里来?

那么，后来的氧气到底是如何产生出来的呢？有两种理论对此做出了解释：一种理论认为，大自然中的水，是最大量也是最现成的含氧物质。在强烈的紫外线的照射下，大气中的水蒸气就有可能被分解为氢气和氧气，公式如下：

$$2H_2O \xrightarrow{\text{紫外线}} 2H_2 + O_2$$

但是，这种理论有一个缺陷，因为在这种分解的过程中，原始空气必然出现大量的氢气，而要使这么多氢气都挣脱地球的引力而跑到太空里去，显然是不可能的。因此，这种光化作用即使存在，也不可能是氧气的主要来源。

另外一种理论认为，氧气可能来自生命本身，是由光合作用造成的。在光合作用中，二氧化碳和水结合，产生了碳氢化合物和氧气，公式如下：

$$6CO_2 + 6H_2O \longrightarrow C_6H_{12}O_6 + 6O_2$$

科学家分析的结果表明，大气层中的氧气，有99%是由光合作用产生的，只有 1% 是由光解作用产生的。但是，这又产生了另外一个问题。如前所述，平流层中的臭氧把太阳辐射中的大部分紫外线反射回了太空。如果大气中没有臭氧，太阳的紫外线就会直射地面，可能杀死所有的细胞，那么地球上最初的生命又是怎样生存下去的呢？

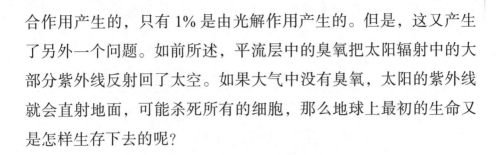

对此，科学家们推断，最初的生物都是生活在水里的，因而有效地避开了紫外线的照射。但是，它们又不可能完全生活在黑暗之中，还需要一定的光线进行光合作用。由此可见，地球上最初的生命，生存环境是非常严酷的，因为没有氧气，太阳紫外线可以一直照射到水下 10 米。由此可以猜测，那时的生物，可能就是生活在这个深度以下，由于光的照射量很少，光合作用也很微弱，产生的氧气也很少。

后来，随着时间的推移，大气中氧气的浓度愈来愈大，照射到地面的紫外线也就愈来愈少。于是水里的生物也就渐渐上升，获得的阳光也就愈来愈多，产生的氧气也就愈来愈多，后来终于浮上了水面，并且登上了陆地，最终，植物使大地披上了绿色。最后，大气中的氧气愈积愈多，终于达到了现在的浓度。这就是地球大气从还原性大气转换成氧化性大气的历史。正因如此，我们才有了今天这样可以自由呼吸的空气。

就这样，地球像一个伟大的母亲，用了几亿年的时间，积累起了足够的大气，凝结成了大量的水分，冲刷出了江河，汇聚成了海洋，为生命这个婴儿的诞生，奠定了丰厚的基础，创造了优越的条件。

位梦华大事记

位梦华，中国作家协会会员，中国科普作家协会会员，美国探险家俱乐部国际成员，中国地震局地质研究所研究员，享受国务院颁发的政府特殊津贴有突出贡献的科学家。

1940 年		出生于山东平度。
1962 年	22 岁	考入北京地质学院，攻读地球地理勘探专业。
1967 年	27 岁	毕业后分配到中国科学院地质研究所，从事地震成因及地震预报的探索与研究。后并入国家地震局地质研究所。
1981 年	41 岁	作为访问学者赴美国进修。
1982 年	42 岁	从美国去了南极，成为最早登上南极大陆的少数几个中国人之一。
1983 年	43 岁	回国后，率先对南极进行综合性研究，出版了一系列著作，并发表了大量与南极有关的科普文章。
1991 年	51 岁	独闯北极，一个人飞到阿拉斯加最北面的小镇巴罗，进行科学考察。
1993 年	53 岁	第二次进入北极，为组织中国首次远征北极点科学考察做先期准备。
1994 年	54 岁	第三次奔赴北极，与浙江电视台合作拍摄专题片，让更多人了解北极。
		阿拉斯加北坡自治区政府授予其杰出贡献奖。
1995 年	55 岁	第四次深入北极。他作为总领队，率领中国首次远征北极点科学考察队胜利进入北冰洋中心地区，将五星红旗插上了北极点，为中国加入国际北极科学委员会创造了条件。

1996 年	56 岁	● 第五次进入北极，深入研究爱斯基摩文化，也为后面在北极越冬做准备。
		● 阿拉斯加爱斯基摩捕鲸委员会授予杰出贡献奖。撰写了科学散文《从宇宙到生命》和《从自然到人文》。
1998 年 6 月—1999 年 3 月	58 ~ 59 岁	● 第六次进入北极，和夫人第一次在巴罗越冬，长达 8 个月，调查研究并撰写了《科学技术在爱斯基摩人生活中的作用》一书的初稿。
2001 年	61 岁	● 第七次进入北极，以中英文撰写了《最伟大的猎手——阿拉斯加北极地区的爱斯基摩人》。
2002 年 7 月—2003 年 9 月	62 ~ 63 岁	● 第八次进入北极，和夫人再次在北极越冬，时间长达 14 个月。跟随爱斯基摩人出海捕鲸，深入到爱斯基摩人之中，了解他们的历史渊源、文化传统、生活习俗和思想感情。撰写了长篇科幻小说《科学文学三部曲》初稿。
2005 年	65 岁	● 第九次进入北极进行科学考察，完成了长篇科幻小说《科学文学三部曲》书稿，约 100 万字。
2015 年	75 岁	● 第十次进入北极，协助中央电视台拍摄电视片《北极，北极》。

位梦华少儿科幻系列·暗物质探索者
荣获第二届少儿科幻星云奖
2020年度科普型科幻图书专项金奖